# 知られざる
# 鉄の科学

人類とともに時代を創った
鉄のすべてを解き明かす

齋藤勝裕

SB Creative

## 著者プロフィール

### 齋藤 勝裕（さいとう かつひろ）

1945年5月3日生まれ。1974年、東北大学大学院理学研究科博士課程修了。理学博士。現在は愛知学院大学客員教授、中京大学非常勤講師、名古屋工業大学名誉教授などを兼務。専門分野は有機化学、物理化学、光化学、超分子化学。『マンガでわかる元素118』『周期表に強くなる！』『マンガでわかる有機化学』『マンガでわかる無機化学』『カラー図解でわかる高校化学超入門』『本当はおもしろい化学反応』（サイエンス・アイ新書）、『亜澄廉太郎の事件簿 1、2』（C&R研究所）ほか、著書多数。

鉄代

FE-26

本文デザイン・アートディレクション：クニメディア株式会社
イラスト：にしかわ たく、那須弘道、保田正和
校正：曽根信寿

## はじめに

　本書は、1冊で鉄のすべてを解き明かそうという野心的な本です。私たちにとって鉄は最も身近な金属といっていいでしょう。包丁、スプーン、フォーク、釘、鉄筋コンクリート、自動車、船……、みな鉄がなければ存在できません。

　人類の歴史は、石器時代、青銅器時代、鉄器時代に大きく分けられます。現代は、2000年も3000年も続いている鉄器時代の最先端です。その証に、私たちの社会は鉄を基盤として成立しているといっていいでしょう。

　基盤とはいっても、現代の鉄は構造物（骨組み）として活躍するだけではありません。情報化社会である現代は、磁性体のうえに成り立っているともいえるのです。その磁性を担っているのも鉄です。現代社会を人間にたとえると、肉体にあたる構造物も、頭脳（神経組織）にあたる情報も、すべて鉄をもとにして成り立っているのです。

　鉄は、われわれの文明社会を支えているだけではありません。鉄は宇宙の構成においても重要な役目を担ってきたのです。宇宙が誕生した138億年前、そこに存在する元素は水素だけでした。その水素が集まって恒星となり、核融

合が起きて徐々に大きな原子が誕生していきました。

　この核融合で最後にできる元素が鉄なのです。すなわち鉄は元素の中で最も低エネルギーであり、鉄がさらに核融合してもエネルギーは生じません。連続する核融合の結果、鉄に到達した恒星は爆発して、フェニックスの再生のように第二の生命に火をつけます。そしてその過程で、鉄より大きな元素が誕生するのです。つまり、鉄は元素成長の第1段階の最終生成体であり、続く第2段階の出発体でもあるのです。

　鉄は惑星である地球においても、重要な元素です。地球の全質量のほぼ $\frac{1}{3}$ は鉄によって占められています。その表面を形成する地殻中でも、酸素、ケイ素、アルミニウムに次いで4番目に多い元素です。

　人体においても、量は微々たるものですが、その重要性は大変なものです。酸素運搬タンパク質であるヘモグロビンにおいて、酸素運搬の中心的役割を演じているのは鉄です。私たちは、鉄なくして1秒たりとも生きることができないのです。

　このような鉄が人類に与えてくれるものは、現実的、実利的なものだけではありません。鉄はまた芸術、工芸の面でも人類に癒しと夢を与えてくれます。それを最もよく理解したのが、われわれ大和民族かもしれません。

　鉄を鋭利な武器として利用したのは、民族を問いません。しかし、その武器に美しさ、さらにそれを超える精神性を見いだしたのは、日本人だけではないでしょうか？　日本

刀こそは「芸術の中の芸術」といえるものでしょう。

　鉄は女性が装う和服の中にも生きています。粋をきわめた女性が着る「大島紬」、夢二が描いたうら若い女性の着る「黄八丈」、その両方を染めるのは鉄です。利休亡きあと、最高の侘び茶碗といわれた「楽茶碗」の黒を彩ったのも鉄でした。鉄の発色は黒だけではありません。酸化状態によって発色が変わり、「黄瀬戸」の黄色も鉄の色です。

　このような鉄のもつ表情は、まさに千変万化というにふさわしいものです。鉄ほど強く硬く、その一方でやさしく温かい金属はほかにありません。

　鉄は宇宙の創生に関与すると同時に、私たちの温かい家庭、崇高な芸術創造の世界にまで大きな影響を与えているのです。

　本書は、そうした「鉄」のすべてをお伝えしたいという熱い思いからつくられた本です。きっとお喜びいただけるものと、著者も編集者も自信をもっています。

　本書で鉄の「すごさ」と「やさしさ」にご同意いただけたら、さらに進んだ類書をひも解き、鉄の「すばらしさ」を実感していただけますよう、鉄になり代わってお願いしたいところです。

　最後に、本書作製に多大な努力を注いでくれた中右文徳氏とイラストを描いてくださったにしかわ　たく氏、那須弘道氏、保田正和氏に感謝申し上げます。

2016年1月　齋藤　勝裕

# CONTENTS

はじめに ……………………………………………………… 3

## 第1章 鉄の歴史 …………………………………… 9
- 1-1 鉄の発見と加工の歴史 …………………… 10
- 1-2 日本に伝わった製鉄技術 ………………… 14
- 1-3 産業と鉄 …………………………………… 18
- 1-4 国家と鉄 …………………………………… 22

## 第2章 鉄の性質 …………………………………… 27
- 2-1 原子としての鉄 …………………………… 28
- 2-2 鉄は金属元素 ……………………………… 32
- 2-3 鉄は強い!? ………………………………… 36
- 2-4 鉄は電気を通す …………………………… 40
- 2-5 鉄は磁石と超伝導体になる ……………… 44
- 2-6 鉄は重く、融けにくく、錆びやすい …… 48
- column 燃える金属 ……………………………… 52
- column 鉄のにおい ……………………………… 54

## 第3章 鉄の化学 …………………………………… 55
- 3-1 鉄の存在量 ………………………………… 56
- 3-2 ビッグバンと鉄原子 ……………………… 60
- 3-3 鉄は多くの原子の生みの親 ……………… 64
- 3-4 鉄の結晶状態 ……………………………… 68
- 3-5 鉄の化学反応 ……………………………… 72
- column 黒豆と古釘 ……………………………… 76

| 第4章 | **変貌する鉄** | 77 |
|---|---|---|
| 4-1 | 合金の今昔 | 78 |
| 4-2 | 高硬度鋼は特殊用途向け | 82 |
| 4-3 | 熱さ・冷たさを克服した耐熱鋼 | 86 |
| 4-4 | 変幻自在な鉄合金 | 90 |
| 4-5 | 鉄の未来形 | 94 |
| column | 鉄と放射性元素 | 98 |
| 第5章 | **鉄の製造** | 99 |
| 5-1 | 鉄鉱石の採掘 | 100 |
| column | 鉄とレアメタル | 104 |
| 5-2 | 鉄の製造 | 106 |
| column | 鉄の種類 | 110 |
| 5-3 | 世界の製鉄の歴史 | 112 |
| 5-4 | 日本の伝統的な製鉄法 | 116 |
| column | 鉄バクテリア | 120 |

SB Creative

# CONTENTS

## 第6章 日本刀の秘密 ... 121
- **6-1** 日本刀の歴史 ... 122
- **column** 時代による刀装 ... 126
- **6-2** 日本刀の構造 ... 128
- **6-3** 日本刀のつくり方 ... 132
- **6-4** 日本刀の秘密 ... 136
- **6-5** 日本刀鑑賞の秘密 ... 140
- **column** 鉄仏とは ... 144

## 第7章 不思議な鉄 ... 145
- **7-1** 幻のダマスカス鋼 ... 146
- **7-2** チャンドラバルマンの鉄塔 ... 150
- **7-3** 現代の不思議な鉄 ... 154
- **7-4** 日本の伝統的な鉄器製作技術 ... 158
- **7-5** 製鉄と伝説 ... 162
- **column** 鉄とDDS ... 166

## 第8章 生命と鉄 ... 167
- **8-1** 原始地球と生命 ... 168
- **8-2** 猛毒酸素から地球を救った鉄 ... 172
- **8-3** 細胞に酸素を運ぶ鉄 ... 176
- **8-4** 生活と鉄 ... 180
- **8-5** 芸術と鉄 ... 184

参考文献 ... 188
索引 ... 189

# 第1章

# 鉄の歴史

人類の歴史は、用いた道具の材料によって、石器時代、青銅器時代、鉄器時代に区分されます。鉄はどのようにして発見され、加工され、私たちの生活をつくってきたのでしょうか?

# 鉄の発見と加工の歴史

人類の歴史の区分の仕方に、そのときの人類が使った道具(武器)の素材による分類があります。それが**石器時代、青銅器時代、鉄器時代**です。それによると、現代は鉄器時代が続いていると考えることもできそうです。鉄はいつ、どのようにして発見され、加工されてきたのでしょう。

## ①鉄の発見

地殻(ちかく)に存在する元素では、**鉄**Feは**酸素**O、**ケイ素**Si、**アルミニウム**Alに次いで4番目に多い元素です。おそらく、古代から人間が目にしていたことは確かでしょう。ただし、鉄は**酸化鉄**($Fe_2O_3$など)として存在します。人類が鉄を利用するには、酸化鉄から酸素を取り除かなければなりませんでした。

### ❌ 森林火災説

最初の鉄がいつ、どこで発見されたかは、明らかではありません。金属学者は、鉄鉱石の鉱床(こうしょう)地帯で森林火災が起き、偶然できた鉄であろうと考えています。この場合、木材の**炭素**Cが酸化鉄中の酸素と結びついて二酸化炭素$CO_2$になることにより、酸素が除かれます。

### ❌ 隕鉄説

これに対して歴史学者は、宇宙から飛来した**隕鉄**(いんてつ)が鉄の使用の始まりと考えています。隕鉄には酸素が含まれませんが、代わりに**ニッケル**Niが含まれます。古代の遺跡から発掘された鉄製品

# 鉄との最初の出合いは？

の中には、数％もの多量のニッケルを含むものがあり、これらは隕鉄を利用したと考えられています。

しかし、隕鉄の絶対量が少ないことや、ニッケルを含む鉄は硬くて加工しにくいことなどを考えると、大量に使われた鉄につながる発見は森林火災によるものだと考えるほうが自然です。

## ②鉄の加工

人類がいつから鉄を加工したかも、実は明らかではありません。

### ❽ 古代の歴史

鉄を使った例をメソポタミアなどの古代遺跡で調べると、古いものでは紀元前30世紀にさかのぼるものがあるといいます。それよりさらに古く、紀元前50世紀には鉄を使っていたとの説さえあります。しかし、このような鉄はニッケル含有量が高くて硬いため、隕鉄を叩く(鍛造)などしてごく少量が使われただけでしょう。

いまのところ製鉄技術が広く普及したのは、紀元前25世紀ごろの**アナトリア**(現在のトルコ共和国の一部)だと考えられています。また紀元前11世紀ごろには、その地で**ヒッタイト人**が鉄を使用したことが知られています。彼らはやがて滅びてしまいますが、その理由の1つは、製鉄の熱源にするために森林を大量に伐採したことによる**森林枯渇**だといわれています。

**図1** ヒッタイトの隕鉄製鉄剣

第1章 鉄の歴史

その後、製鉄技術は東進を続け、インドを通って紀元前9世紀ごろには中国に伝わったようです。

## ◎ 近代の歴史

近代になると**製鉄法**が大きく改善されます。炭を使って酸化鉄を還元し、**鋳鉄**がつくられたからです。ただし、鋳鉄の中に多くの炭素が融け込み、硬くてもろい鉄になりました。そこで、鋳鉄に含まれる炭素を空気中の酸素で燃やし、二酸化炭素として取り除くように工夫されました。

この結果、良質の**鋼**が手に入るようになり、鉄鋼素材が使えるようになったことで、機械設備の生産性が大きく向上しました。鉄の需要は年々高まり、それにともなって炭の需要も増えたため、森林破壊が深刻になりましたが、これを救ったのが**石炭**でした。石炭を蒸し焼きにした**コークス**の火力は強く、まさに製鉄のために生まれた熱源だったのです。コークスの発明によって森林破壊も解消され、鉄の生産量は増加の一途をたどりました。

| 年代 | 技術の歴史区分 | 金属の歴史区分 | 金属関連の主要キーワード |
|---|---|---|---|
| 〜BC3000 | 歴史のあけぼの | 鉱石の採掘と冶金 | 鍛冶屋、金属溶融るつぼ、青銅の鋳造、銀・アンチモン・鉛・スズの採取 |
| BC3000〜 | 古代近東の諸大帝国 | 鉄の到来 | ヒッタイト帝国の鉄、海綿鉄、焼入れと焼き戻しの技術確立 |
| BC600〜 | ギリシャ人とローマ人 | 錬金術と冶金術 | コプト信者によるエジプト精錬術の錬金術化、真鍮の発明 |
| AD400〜 | 中世キリスト教時代 | 鋳鉄と新しい兵器 | 鋳鉄製大砲 |
| AD1500〜 | ルネッサンス | 採鉱・冶金学 | デ・レ・メタリカ(採鉱冶金学書)、アンチモン、亜鉛、コバルトの記述、木炭高炉 |
| AD1750〜 | 産業革命期 | 新しい鉄冶金 | コークス高炉、蒸気機関、電気アルミニウム精錬 |
| AD1830〜 | 鋼と電気の時代 | 製鋼業の勃興 | 転炉製鋼法の発明 |
| AD1930〜 | 技術の進歩 | 高機能・高強度化 | 鉄鋼生産全盛期、高機能・高強度化 |

**表1** 鉄の略史年表　　　R・J・フォーブス『技術の歴史』の金属関連技術の歴史より抜粋作成

# 日本に伝わった製鉄技術

## ❌ 青銅器文明と鉄器文明がほぼ同時期に伝わった

　日本の製鉄技術は、ほかの多くの素材と同じように、ユーラシア大陸から伝播してきたものと考えられています。残念ながら製鉄は日本独自の技術ではないということです。鉄器は紀元前3世紀ごろに、青銅器文明とほぼ前後して日本へ伝来したといわれています。独自性があるとしたら、青銅器文明と同じ時代に、鉄器文明がいわば並行して輸入されたというところでしょう。

　古代日本は、当時の文明の中心だったユーラシア大陸の周辺どころか、さらに海を越えた島国だったので、文明の未開な国だったでしょう。ここに大陸の先進文明が伝わるまでには、幾多の困難と多くの時間を必要としたのです。

　ようやく日本で青銅器がつくられるようになったのは、紀元前1世紀ごろです。鉄器がつくられるようになったのはそれより数世紀遅れ、弥生時代後期（1～3世紀）ごろといわれます。最初は九州北部の**カラカミ遺跡**（長崎県壱岐市）や、備後の**小丸遺跡**（広島県三原市）で製鉄が開始され、しばらくして、よく知られた**出雲地方**（島根県）や**吉備**（広島県東部～岡山県）でも製鉄が開始されたことが遺跡からわかります（**図2**）。

　注目すべきは、青銅器文明の伝播と鉄器文明の伝播の間が400～500年しかなかったことです。その間に青銅器文明を咀嚼し、次の鉄器文明に備えることができた"移り身の早さ"というよりは"適応力の豊かさ"こそが、言い継がれてきたように、日本人が誇りとすべきことなのでしょう。

第1章 鉄の歴史

**図1** ヒッタイト帝国の高度な製鉄技術は、ユーラシア大陸を東進し、紀元前9世紀には中国へ伝わったとされる

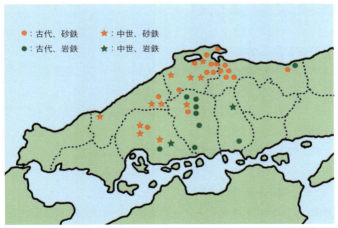

**図2** 中国地方（出雲・吉備など）には、砂鉄や岩鉄を使った製鉄遺跡（たたら）が数多く存在する

## ❈ 日本独自の製鉄法が発展

　製鉄の跡はいくつかの遺跡で発見されています。初期の製鉄法は、原料として鉄鉱石を用い、高温を得るために鞴(ふいご)、踏鞴(たたら)を用いたものでした。

　その後に開発された日本独自の製鉄法は、**砂鉄**を原料とした**たたら製鉄法**と呼ばれる直接製鉄法です。これは、砂鉄または鉄鉱石を低温で還元し、炭素の含有量がきわめて低い**錬鉄**(れんてつ)を生成するものです。この「炭素含有量が低い」ことは、近代製鉄法に比べても著しい特徴であり、くわしくはあとの章で取り上げます。

　こうした製鉄法は、近代製鉄法が確立する以前に世界の各地で広く見られた方法です。この古式由来の製鉄法を日本独自の方法に改良したたたら製鉄法では、**日本刀**に使用される最高級の**玉鋼**(たまはがね)や、それより劣りますが高品質な**包丁鉄**といった複数の品質の鉄が同時に得られました。

## ❈ 中世から近世の製鉄

　日本における製鉄は武器である日本刀の需要、発展と切り離すことができないようです。日本刀の需要が多いころ、すなわち武士が台頭し、モンゴル帝国・高麗による2度の元寇(げんこう)に対処しなければならなかった鎌倉時代、南北朝時代、戦乱に明け暮れた安土桃山時代には、多くの刀剣の需要に応えるために、すぐれた日本刀、すなわちすぐれた鉄鋼が生産されました。

　しかし天下泰平(たいへい)の江戸時代になると、武器として用いる鉄器の需要はひと段落します。一方、中世後期から江戸時代にかけて、優良な鉄製品である刀剣類が、長崎から諸外国に輸出されました。

　同様に輸出された鉄砲などの成分分析によれば、日本の砂鉄には含まれない銅やニッケル、コバルトなどの**磁鉄鉱由来成分**(じてっこう)が確

認されています。これは、鉄製品の原料として国外から輸入された**銑鉄**(せんてつ)などが流通していたことを示すものでしょう。

江戸時代には、武器製造の代わりに鉄製品を修繕(しゅうぜん)する需要が高まります。鉄の加工技術は、日本各地で十分に普及していたと思われます。それを担ったのが鍛冶(かじ)屋といわれる職人でした。幕末には、艦砲を備えた艦隊の武力を背景に開国を迫る西洋諸国に対抗しようと、大砲鋳造(ちゅうぞう)用の**反射炉**が各地に建造されました。このことも、すでに鍛冶屋と呼ばれる職人集団と高度な製鉄技術が存在した、あるいは実現するだけの潜在能力があったことを示すものだといえるでしょう。

図3 江戸時代になると、鍛冶屋と呼ばれる職人たちが農具など鉄器の製作・修繕を行った

# 13 産業と鉄

　人類が大量に手にした金属のうち、最初のものは青銅だったと思います。これは銅CuとスズSnの合金です。その青銅に代わって登場したのが、鉄であると考えられています。

## ❖ 産業革命以前

　銅の融点は1084.62℃ですが、スズを加えると融点降下を起こし、700℃程度にまで下がります。一方、鉄の融点は1536℃です。金属を融かして加工しようとしたら、鉄は圧倒的に不利なのです。

　しかし、自然界に存在する鉄鉱石から鉄を取りだすには、かならずしも鉄鉱石を融かす必要はありません。800℃以下の低温で加熱して赤くなった鉱石をハンマーで叩き、不純物を火花として飛散させればいいのです。古代では、このようにして得た品質の悪い鉄を利用していた可能性があります。もしかしたら、青銅が普及する前にはこのような粗鉄が広く用いられていたのかもしれません。

　しかし、鉄を十分に加工するには融かす必要があり、それだけの高い温度を扱えるまでには、長い年月を必要としました。それまでの鉄は品質が悪く、すぐに錆びました。そのため中国では鉄のことを「悪金」、青銅のことを「美金」と呼んで区別したほどでした。

## ❖ 産業革命の製鉄法

　人類が大量の鉄を融かせるようになったのは、18世紀の産業革命の時期でした。このときに発明されたのが石炭を蒸し焼きにし

たコークスだったのです。コークスはすぐれた炭素源であり、高熱をつくるにも、酸化鉄の鉄鉱石から酸素を奪うにも格好のものでした。

産業革命の時期に製鉄法は革命的に変化しました。**高炉**自体は14〜15世紀からありましたが、木炭の代わりにコークスを使う**コークス高炉法**が登場したからです。これは高さのある炉の中に鉄鉱石とコークスを層状に積み上げ、加熱する方法です。こうすると融けた銑鉄が炉の下方にたまります。これをかきだして用いることができました。

かきだしたぶんだけ、炉の上から新しい鉄鉱石とコークスを足します。すなわち、この方法は、資源の枯渇を心配することなく銑鉄の連続製造を可能にしたのです。高炉以前の製鉄法、すなわち融けた鉄を取りだすために炉を冷やしていた方法とは、画期的にすぐれた効率を実現したのです。

## ❈ 産業革命と鉄

産業革命のおかげで鉄を加工できるようになったというよりも、鉄を加工できるようになったおかげで産業革命が達成された、といったほうが正しいかもしれません。とにかく、硬くて粘り強いという鉄の性質は、精密で強靭でなければならない機械の製作に格好のものでした。

蒸気機関車も紡績機も蒸気船も、その後の自動車も鉄筋コンクリートも、すべては鉄を主体にしてつくれるようになったのです。産業革命によって社会のしくみがどのように変化し、貧富の差がいかに広がったかといった話は、本書の範囲からはみだすことになるでしょう。とはいえ、このような社会の変化が鉄によってもたらされたのは、特筆すべきことでした。

## ❂ 日本社会と鉄

　日本でも中世になると、しだいに鉄が一般に普及し、農具が鉄器でつくられるようになって、農地の開拓が進みました。当時も鉄はやはり貴重であり、鉄製の農機具は個人のものではなく、支配階級（政府）が所有しました。すなわち中世の日本の貴族は、鉄の所有権を通して遠隔地の荘園を管理したのです。

　しかし16世紀ごろから鉄の生産量が増えると、鉄が安価に供給されるようになり、個人でも鉄の農機具をもつことができるようになりました。当時、鉄の精錬には大量の木炭が使われたので、鉄器生産の拠点だった出雲地方には多くのしわ寄せがありました。

図　蒸気機関の発明とコークス高炉法の開発によって、産業革命が成し遂げられた

# 14 国家と鉄

「鉄は国家なり」と宣言したのは、プロイセン王国（のちのドイツ帝国）の首相、オットー・フォン・ビスマルクでした。

## ✹ 帝国主義と鉄

ビスマルクが演説の中で語った言葉は、「現在の大きな問題（ドイツ統一）は演説や多数決ではなく、鉄（大砲）と血（兵隊）によって解決される」というものでした。要するに、言葉でなく戦争という実力行使で物事を解決するというものです。これにより彼は「鉄血宰相」と呼ばれるようになります。

その後ビスマルクは、デンマーク、オーストリア、フランスとの相次ぐ戦争を勝ち抜き、ドイツ帝国を完成させました。これを契機として世界を席捲した帝国主義は、まさしく鉄と血、すなわち戦争によって他国を蹂躙し、自国の利益を追求するという過酷なものでした。

こうした帝国主義を貫徹するために、鉄は必須のものだったのです。その意味で、「鉄は国家なり」という彼の言葉は、当時としては正しかったのでしょう。このころから、鉄には戦争の代名詞のような役割が課せられるようになったのでした。

## ✹ 軍備と鉄

昔から刀や槍などの武器は、鉄でつくられました。そして、戦争における鉄の役割は、近代になって飛躍的に増大しました。近代以降の戦争は、鉄砲と大砲によって行われるようになったからです。海戦は戦艦同士の戦いとなり、大口径の大砲を積んだ巨

# 鉄は軍事力?

大な戦艦が有利ということから、**大艦巨砲主義**が主流となりました。日本が誇る巨大戦艦**大和**、**武蔵**は、この大艦巨砲主義の象徴ともいうべき存在でした。

　大艦巨砲主義で需要が増大した鉄ですが、戦艦と大砲のためだけにあったわけではありません。その大砲で飛ばす砲弾、その火薬を詰める薬室、その爆発から兵士を護る鉄兜まで、あらゆるものが鉄でつくられました。近代戦争はまさしく鉄と鉄の戦いだったのです。

　陸上戦でも同様です。戦車は大砲を積んだ自走車です。いわば動いて鉄を飛ばす鉄のかたまりです。この戦車や兵士、多くの軍事物質を遠方の目的地まで運搬するのは鉄道でした。鉄道は機関車もレールも、鉄なしではありえません。

　日本の軍歌に「軍艦行進曲」があります。その歌詞の冒頭は「守るも 攻めるも くろがねの 浮かべる城こそ 頼みなる」というものです。くろがね（黒鉄）は鉄の古語です。まさしく、戦争が鉄の物量戦だったことを歌ったものでした。

## ❖ 国力と鉄

　こうした帝国主義の下で鉄がはたしたのは、兵器の役割だけではありません。建築土木はもちろん、各種の生産機械や、自動車、鉄道、船舶などの輸送手段、さらにはエネルギー生産のためのダムなどの発電施設や発電機など、実に多くの先端技術や工業製品はどれも鉄なしには語れないものばかりです。

　鉄こそはその国の基礎、土台をつくるものだったのです。そのため、鉄鋼の生産量がどれだけあるか、あるいはどれだけの生産能力があるかは、その国家の実力を測る指標になりました。そればかりか、その国の潜在能力、すなわち科学力までをも測る指標

第1章 鉄の歴史

**図1** 大艦巨砲主義の象徴、戦艦大和 　　　　　　　　　　（画像：Wikipedia）

**図2** 世界最強戦車といわれたドイツ軍のティーガーI型戦車 　　（画像：Wikipedia）

でもあったのです。

このため、製鉄は重厚長大産業の基幹として、どの国においても経済を力強く牽引してきました。ですから、「鉄は国家なり」といわれるのも、当然だったのです。鉄鋼生産量は現在でも国力を表す重要な指標の1つとなっています。

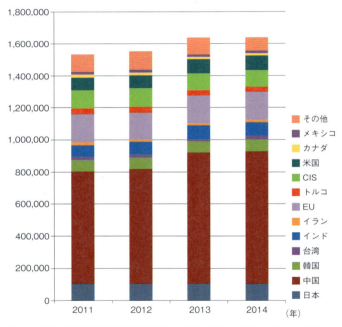

**図3** 主要国(経済圏)の年間粗鋼生産量。中国が半数を占めている(単位:1000トン)
出典:日本は経済産業省、中国は国家統計局、台湾は台湾区鋼鐵工業同業公会、米国はAISI、その他の国および世界計(2005年1月分より世界61カ国計)はIISI
CIS計はロシア、ウクライナ、カザフスタン、ベラルーシ、モルドバ、ウズベキスタンの6カ国計

# 第2章

# 鉄の性質

鉄には強い、硬い、電気伝導性がある、磁性がある、種々の合金をつくる、しかも資源量が豊富などのすぐれた性質があります。このような性質はなぜでてくるのでしょう。ここでは鉄原子の性質を原子構造にさかのぼって見てみましょう。

# 2-1 原子としての鉄

物質を細かく分けていくと**分子**になり、分子をさらに細かく分けると**原子**になります。金属の鉄も鉄の原子からできています。

## ❖ 原子と元素

物質は、有限の体積と有限の質量(重さ)をもっています。そして、すべての物質は原子からできています。つまり、原子は有限の体積と有限の質量をもった物質です。

この原子の集合を**元素**といいます。元素は概念であり、物質名ではありません。たとえてみれば、「私」「あなた」はそれぞれ1個の原子に相当します。そして「日本人」は元素に相当します。食事をし、恋愛し、結婚するのは「私」や「あなた」です。「日本人」という個体は存在しないので、「日本人」が恋愛することはありません。

同様に、なにかと反応して分子をつくり、物質をつくるのは原子であり、元素ではありません。元素は日本人、アメリカ人、ロシア人などと同様に、同じ種類の原子をまとめて考える場合の概念です。

わかりにくいかもしれませんが、あとでもう少しわかりやすく説明します。

## ❖ 原子の構造

原子は非常に小さい**原子核**と、それを取り巻く**電子雲**からできています。電子雲の直径はおよそ$10^{-10}$mです。これは1nm(ナノメートル、$10^{-9}$m)の$\frac{1}{10}$です。現在はやりのナノテク(ナノテクノロジー)は直径が$10^{-9}$m程度の物質(大きめの分子)を制御する

技術のことですから、それの $\frac{1}{10}$ の大きさになります。

ところが、原子核の直径はおよそ$10^{-14}$mなので、原子の大きさの1万分の1のサイズです。東京ドームを2個貼り合わせたような直径100mの巨大球が原子だとすると、原子核はピッチャーマウンドに転がる直径1cmのパチンコ玉ほどの大きさになります。

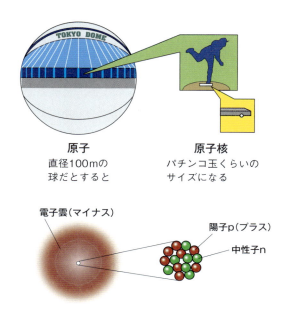

**図1** 原子核のサイズと構造

**図2** 元素記号の表記法

## 原子核の構造

原子核をさらに分解すると、**陽子**pと**中性子**nになります。両者の重さはほぼ等しく、**質量数**という相対単位で表すと、ともに1になります。しかし電荷は異なり、1個の陽子は＋1の電荷をもちますが、中性子は電荷をもちません。

原子のもっている陽子の個数は、**原子番号**Zと同じです。陽子の個数と中性子の個数の和が質量数Aです。原子番号Zは元素記号の左下、質量数Aは左上に添え字で表すのが約束です(**図2**)。

原子番号Zの原子核は＋Zの電荷をもちます。そして原子は原子番号と同じ個数の**電子**eを持ちます。1個の電子は－1の電荷をもちます。したがって原子は全体として電気的に中性です。原子の性質や化学反応性は、電子雲によって決まります。そのため、原子番号が等しい原子は、化学的にまったく等しいことになります。

一方、原子番号が同じでも、中性子の数が違うので質量数が異なるものがあります。このようなものを互いに**同位体**といいます。水素には$^{1}H$、$^{2}H$、$^{3}H$の3種類の同位体があります(**図3**)。この同位体の集団を「元素」と呼んでいます。いいかえれば、原子番号が同じ原子の集団をひとまとめにして「元素」というのです。

## 鉄原子

鉄は原子番号26なので、26個の陽子と電子をもっています。ただし、質量数はいろいろです。自然界にある鉄原子の91.8％は中性子を30個もった$^{56}Fe$ですが、$^{54}Fe$、$^{57}Fe$、$^{58}Fe$もそれぞれ5.8、2.1、0.3％の割合で存在します。

鉄原子の大きさは、およそ$1.24 \times 10^{-10}$mです。といってもピンとくる方は少ないでしょう。ほかの元素との相対的な大きさを、

図4に示しました。

金属原子は電子の一部を放出して陽イオンになる性質があります。鉄は2個の電子を放出して2価の陽イオン$Fe^{2+}$、あるいは3個の電子を放出して3価の陽イオン$Fe^{3+}$になります。酸素Oは2価の陰イオン$O^{2-}$になります。したがって、同じ酸化鉄でも$FeO$では$Fe^{2+}$、$Fe_2O_3$では$Fe^{3+}$の陽イオンになっていると考えられます。

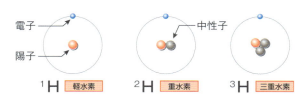

水素の3種類の同位体。違いは中性子の個数

図3　水素の同位体

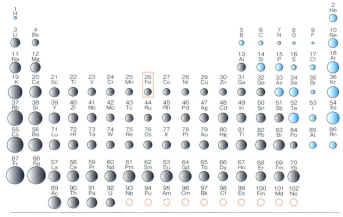

図4　原子の大きさの比較

# 2-2 鉄は金属元素

## ◎ 原子番号と周期表

すべての物質は**原子**からできています。地球上の自然界には、92種類の原子が存在します。それぞれの原子は陽子の数が違うので、少ない順に番号をつけました。これが**原子番号Z**です。原子番号1の原子は水素Hで、最も多いのは原子番号92の**ウランU**です。鉄の原子番号は26ですから、どちらかといえば少ないほうの原子になるでしょう。

これらの原子を元素ごとに原子番号の順に並べ、カレンダーのような表にまとめたものを**周期表**といいます(図)。周期表を見ると、各元素がもつ性質の関係性が見てとれます。

たとえば、周期表の上部に示した1〜18の数字は、**族**を表します。1の下に縦に並ぶ元素は**1族元素**、2の下は**2族元素**といいます。また1、2族と12〜18族は**典型元素**に分類され、同じ族の元素は互いに似た性質をもちます。典型元素以外は**遷移元素**と呼ばれ、鉄は遷移元素の1つです。

## ◎ 元素の種類

元素は、**金属元素**と**非金属元素**に分けることができます(p.31の図4)。周期表の左上の水素だけは例外ですが、非金属元素はどれも周期表の右上にかたまっています。非金属元素は22種類しかありません。残りの70種類はすべて金属元素です。

周期表を見ると、鉄、**コバルトCo**、**ニッケルNi**の順に横並びしています。この3元素は互いに性質が似ているので、族の関係性とは別に**鉄族元素**と呼ばれることがあります。

## 第2章 鉄の性質

実は人類は元素をつくりだすことができます。それが周期表の原子番号93から118番の元素です。これらの元素はすべて金属元素であり、金属元素の種類の多さが際立っています。

ちなみに、**ホウ素**B、**ケイ素**Si、**ゲルマニウム**Geなど、周期表において金属元素と非金属元素の境界に位置する元素は、金属と非金属の中間の性質があるので、**半金属元素**と呼ばれることもあります。

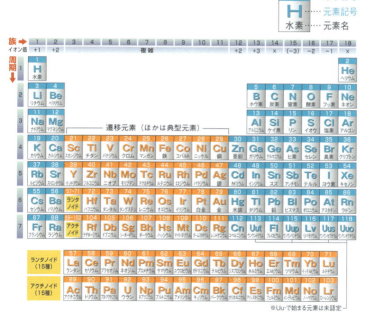

図　周期表

## ❃ 金属の結合

　すべての原子は、電気的にプラスの**原子核**とマイナスの**電子**からできています。原子核の電荷の大きさは原子番号に等しく、＋Zです。それに対して電子の電荷は－1ですが、電子は原子番号と同じ個数があるので、電子全体の電荷は－Zとなり、原子核の電荷を打ち消します。このため、原子全体では電気的に中性であることは説明しました。

　こうした原子が単独で存在することはほとんどありません。金属原子はたくさん集まって、固体の金属になっています。固体の金属中ではすべての原子が化学結合をつくっています。金属原子のつくる結合を、特に**金属結合**といいます。

　金属結合をつくるとき、金属原子は電子の一部を**自由電子**として放出し、プラスの**金属イオン**となります。自由電子は金属イオンのまわりを漂います。この結果、プラスの金属イオンとマイナスの自由電子の間に**静電引力**が発生します。つまり、電子がのりのように働いて金属イオン同士が"接着"されるのです。これが金属結合のしくみです。


## ❃ 金属の性質

　金属結合の結果、金属には固有の性質が生まれます。これが金属の特性になっており、次の3点に要約されます。

① **展性・延性**をもつ
② **電気伝導性**をもつ
③ **金属光沢**をもつ

　では、金属である鉄には、この3つの基本的な性質がどのように反映されているのでしょうか。それを次節から具体的に探っていきましょう。

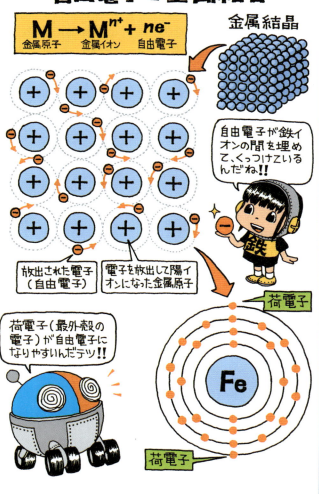

# 鉄は強い!?

鉄にはいろいろな性質があります。そのなかで私たちに最も強く印象づけられているのは、「鉄は強い」ということでしょう。戦艦、戦車は鉄製です。鉄砲、大砲だって鉄ですし、その弾丸も鉄でできています。

### ❊ 展性・延性から見た鉄の硬さ

金属が強いとは、どういう状態をいうのでしょうか？ 「なにものにも負けない性質」といいたいところですが、"負けない"とはどういうことでしょう？ こんな抽象的な言い方は科学では通用しません。それでは、「変形しにくい性質」と言い直してみてはどうでしょう？

前節で見たように、金属の特性の1つに展性・延性があります。展性とは、叩いて延ばすと薄い膜状に広がり、金属箔になる性質です。また延性は、金属を引き延ばすと細長い針金状になる性質をいいます。金属はこのような性質が強い、すなわち、箔や針金になりやすいといえます。しかし、これは「変形しやすさ」の尺度ともいえそうです。

延性が最も大きい金属は、金Auです。1gの金を針金のように延ばすと、ナント最長2980mになるといいます。信じられない長さですし、「髪の毛の何分の1」などという比喩も通じないほどの細さになりそうです。

当然ながら、展性が最も大きいのも金です。1gの金を箔にすると、少なくとも最大5m$^2$、すなわち1辺が2.2mの正方形を超えるほどの大きさに広がるといいます。厚さは0.1μm、つまり1

# 金の展性・延性

万分の1mm以下です。これらの性質のため、金は「軟らかい金属」として知られています。

興味深いのは、金もこれくらいの厚さになると透けて見えることです。金箔をガラス板にはさむと、外が見えます。ただし、無色ではありません。昔の一升瓶のガラス（ソーダガラス）を透かして見たように、外界は青緑色に見えます。決して金色に見えるわけではありません。

鉄も金属ですから、叩くと箔になります。コマーシャル（商業）ベースで0.01mmにはなります。また、延性も金、銀、白金に次ぐことが知られています。

延性の大きい順に金属を並べてみます。

金、銀、白金、鉄、ニッケル、銅、アルミニウム、亜鉛、スズ、鉛

同様に、展性の大きいほうから金属を並べてみます。

金、銀、鉛、銅、アルミニウム、スズ、白金、亜鉛、鉄、ニッケル

このことから、鉄は延性から見ると軟らかく、展性から見ると硬い金属、ということになるのかもしれません。

## ◈ 鉄のモース硬度は幅がある

物質の硬さを測る尺度に**硬度**があります。わかりやすいのは**モース硬度**です。これは2つの物質をこすり合わせた場合、どちらに傷がつくかという、いわば総当たり戦で硬さを競い、その順位をもとに硬度を決めたものです。最も硬いのはダイヤモンドであり、これを最硬度の10としています（図）。

モース硬度によると、鉄は4.5〜7.5と幅があります。この理由についてはあとの章でゆっくりご説明しましょう。

## ◆ 硬さと金属結合

結論からいうと、一般に硬いと思われている金属は、そう硬くはないのです。むしろ軟らかく、変形しやすい素材です。なぜ変形しやすいのか？　それは金属結合に原因があるといわれます。その理由を、次の電気伝導性の理由といっしょにご説明しましょう。

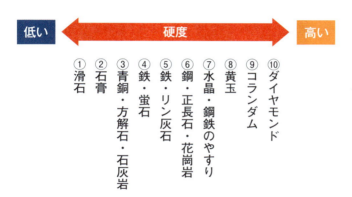

図　モース硬度一覧

| モース硬度 | 物　質 |
|---|---|
| 2.5 | 人間のつめ、象牙、琥珀 |
| 3.5 | 銅製硬貨 |
| 4.5 | 釘（木工用） |
| 5 | ガラス |
| 5.5 | ナイフの刃 |
| 7.5 | 鋼鉄のやすり |

表　身近な物質のモース硬度

# 鉄は電気を通す

物質には電流を通すものと通さないものがあり、前者を**良導体**、後者を**絶縁体**といいます。金属は良導体であり、鉄もよく電気を通します。

## ◎ 電流とは

電流は電子の流れです。電子がAからBに移動したとき、電流は逆にBからAに流れたと定義されます。両者の方向が逆なのは、電子がマイナスに荷電していることによるといわれます。したがって、電子が移動しやすい(**電気伝導度**が高い)物質は良導体であり、移動しにくい物質は絶縁体になります。そして、この中間の物質が**半導体**と定義されます。

いろいろな物質の電気伝導度を**図1**に示しました。

## ◎ 電気伝導性と自由電子

金属の電気伝導性は、先に見た自由電子に依存します。自由電子は特定の金属原子に属さず、固体金属の中を自由に移動できる電子です。当然ながら、この電子に電圧がかかればマイナス(負極)からプラス(正極)に向かって移動します。これが電流です。

この電子の移動しやすさは、なにに影響されるのでしょうか? イメージしやすいように、小学校の授業で先生が机の間を歩く場面にたとえてみます。子どもたちがおとなしくイスに座っていれば、先生はスムーズに回れます。しかし、子どもたちが手や足をだしていたら、回りにくくなるでしょう。

電子も同じです。金属イオンが勝手に動く、すなわち激しく振

動したら、その間を漂う自由電子は動きにくくなり、電気伝導度が下がります（**図2**）。金属イオンの熱振動は高温になるほど激しくなるので、金属の電気伝導度も高温になるほど下がります。当然ながら、電気の流れを阻害する**電気抵抗**は、高温になるほど上がります。鉄の電気伝導度、電気抵抗の関係も同じです。

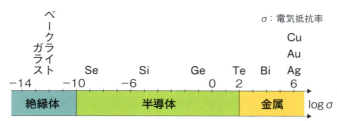

図1　いろいろな物質の電気伝導度

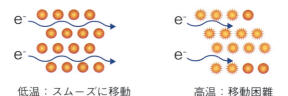

図2　電子の移動と伝導性

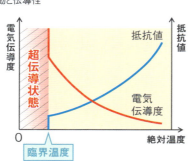

図3　超伝導

## ❂ 超伝導性

1911年にオランダの科学者ヘイケ・カマリング・オネスは、絶対温度4.2K（ケルビン）という極低温で、**水銀Hgの電気抵抗がゼロになる**ことを発見しました。これが**超伝導**の発見です（**図3**）。その後、各種の金属が追試され、多くの金属が極低温あるいは高圧・極低温の条件下で、超伝導性を示すことが発見されました。鉄は長らく超伝導性を示さないといわれてきましたが、その後の研究で、数十ギガパスカル（GPa）、数ケルビンという超高圧・極低温の環境でなら超伝導状態になることがわかりました。

超伝導状態の物質は電気抵抗がなくなるので、コイルにいくら大電流を流しても発熱しません。これを利用すると、強力な**超伝導磁石**がつくれます。いまや超伝導磁石は、リニア新幹線の車体の浮上や脳の断層写真を撮るMRI（核磁気共鳴画像法）などに欠かせない技術になっています。

## ❂ 金属の光沢、柔軟性と自由電子

前節で見た金属の展性・延性や、金属特有の金属光沢など、金属の性質の多くは自由電子の働きで説明できます。

金属内にたくさん存在する自由電子は、互いの**静電反発**によって金属内部から金属表面に移動してきます。つまり、金属表面には多くの自由電子が集まっているのです。光がこの自由電子に当たると、反射されてしまいます。これが金属光沢の理由です。

また、金属イオン同士の間には自由電子がはさみ込まれるように存在しています。金属に力を加えると金属イオンが移動するので変形しますが、このとき自由電子がまるでコロのような働きをして、金属イオンの移動を助けます。そのため、金属は食塩や水晶のようなほかの固体に比べて変形しやすいのです。

# 金属光沢と金属の柔軟性

## 金属光沢

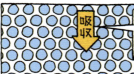

## 展性・延性

# 2-5 鉄は磁石と超伝導体になる

鉄は磁石に吸いつき、それ自体も磁石になります。また、**高温超伝導体**の原料として注目されています。

## ❊ 鉄は磁石になる

磁石に吸いつく性質を**磁性**といいます。磁性をもつ金属は、実は多くありません。鉄、**コバルト** Co、**ニッケル** Ni、**ガドリニウム** Gd くらいです。

磁性は電子の性質がかかわっています。一般に電荷をもつ球が自転（スピン）すると、磁性の元になる**磁気モーメント**が発生します。スピンの方向が逆になると、磁気モーメントの向きも逆になります。

原子に含まれる電子は多くの場合、スピンが逆向きの2個が組になった**電子対**をつくります。この状態では、おのおのの電子の磁気モーメントは相殺され、磁性は現れません。鉄などの磁性をもつ金属では、電子対をつくらない電子（**不対電子**）が存在するため、磁性が現れるのです（図1）。

## ❊ 希土類磁石

現代社会は、磁性体の上に成り立っているという側面をもっています。なぜなら、モーターや発電機は磁石がなければできないからです。また、情報のほとんどは磁気媒体を介して伝達され、磁気によって記憶されます。そしてこれら磁性体の多くに、鉄が関与しているのです。

鉄は土木建築、機械、交通手段など、社会の構造体や機構部

分の基盤と思われがちですが、現代では社会の頭脳部分をも支えています。その意味で、現代社会は鉄にオンブにダッコの状態といっていいのかもしれません。

このような背景から、より強力な磁石が求められてきました。そうして開発されたのが希土類磁石といわれるものです。これは鉄に希土類元素（レアアース）を添加して、あるいはレアアースだけでつくった磁石であり、非常に強い磁性をもっています。現在最高の磁力をもつとされるネオジム磁石の組成は $Nd_2Fe_{14}B$ で、鉄にネオジムNd、ホウ素Bを加えたものです（図2）。

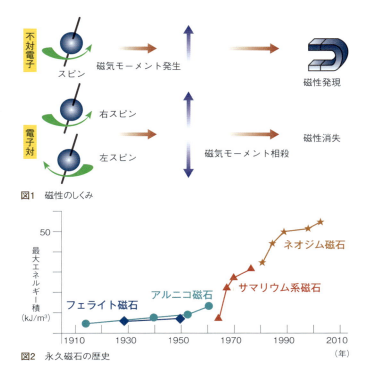

図1　磁性のしくみ

図2　永久磁石の歴史

## ❄ 鉄は超伝導体になる

　超伝導体も現代科学に欠かせないものです。ところが、超伝導現象は極低温でしか起こらないため、超伝導にするには極低温用の冷媒である液体ヘリウム(沸点4K)が必須です。しかし、液体ヘリウムをコマーシャルベースで生産できる国は、アメリカしかありません。そこで、液体ヘリウムでなく、液体窒素(沸点77K)の温度で超伝導になる物質探しが始まりました。こうして見つかったのが**高温超伝導体**です。ところが、高温超伝導体の多くは金属酸化物の焼結体で、コイルにできないものばかりだったので、実用的な価値はありませんでした。

　そこで注目されたのが、鉄を用いた鉄系超伝導体の開発です。2008年以降に研究が活発化し、現在は60Kの高温で超伝導性を示すものが開発されており、さらなる高温を目指して研究中です(**図3**)。

　特筆されるのは、山形大学の研究グループの実験でした。彼らは**テルル化鉄にイオウSをドープ**(添加)した$FeTe_{1-x}S_x$をつくったのですが、残念ながら超伝導性は現れませんでした。そこでナント、(コンパの席上で腹立ちまぎれに?)これをお酒で煮たのです。すると超伝導性が現れたということで、大騒ぎになりました。日本酒、焼酎、赤・白ワイン、ビール、ウイスキー、ブランデーなどいろいろ試したところ、赤ワインの効率が最もよかったそうです(**図4**)。

　そうなった理由は、酒の中に含まれるクエン酸などの有機酸が余分な鉄を溶かしだしたのだということですが、実験は思いがけない結果を生むものだという好例でしょう。ヤッテミルものです。

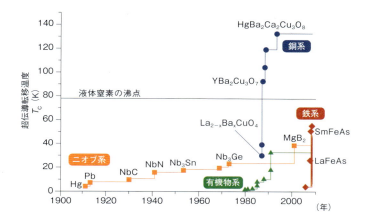

**図3** 高温超伝導体の発見

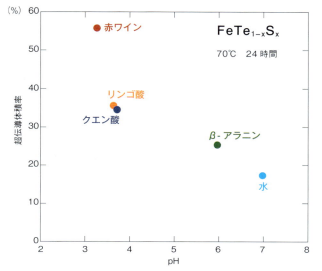

**図4** 赤ワインで煮ると超伝導性が現れた

# 2-6 鉄は重く、融けにくく、錆びやすい

　鉄は重くて融けにくい、と思われているようです。確かに紙や木材よりは重いでしょう。しかし、石や金に比べたらどうなのでしょう？

## ◎ 金属の比重

　物質の相対的な重さは、水の重さを基準にした**比重**で考えるとわかりやすくなります。紙、石、金のそれぞれの比重は、0.5(新聞紙)、2.6、19.3です。それに対して鉄の比重は約7.9です。紙や石に比べれば重いのですが、金に比べたら軽いものです。

　一般に比重が5より小さいものを**軽金属**、重いものを**重金属**といいます。鉄は重金属の1つです(**図1**)。

　最も軽い金属は**リチウム**Liです。次は**ナトリウム**Naで、この2つは水よりも軽いのですが、水に触れると爆発的に反応します。したがって実用的な金属で最も軽いのは**マグネシウム**Mgや**アルミニウム**Alになります。鉄とアルミニウムの合金は最近のものですが、今後の開発が待たれるところです。

　最も重い金属は**オスミウム**Osです。**白金**Ptや金も重い金属です。**鉛**Pbや**水銀**Hgも鉄より重いです。重金属には水銀、鉛、**カドミウム**Cd(比重8.7)などのように有毒なものが多いので、取り扱いには気をつける必要があります。

## ◎ 金属の融点

　金属は水銀を除けば常温(25℃)で固体ですが、いずれも加熱すると**融点**で融けて液体になり、さらに加熱すると**沸点**で蒸発し

て気体になります。鉄の融点、沸点はそれぞれ1536℃、2863℃です。すなわち、硬くて重い鉄も3000℃ほどに加熱すれば気体になるということです。

融点の低い金属は、**低融点金属**としていくつかのものが知られています。合金の**ウッドメタル**(ビスマスBi、鉛、スズSn、カドミウムの合金)は、100℃以下で融ける実用的な金属として利用されています。

反対に高融点の金属では、最高温度の**タングステン**W(3407℃)や**レニウム**Re(3180℃)などが知られています。これらは鉄との合金で耐熱合金をつくるのに用いられます(**図2**)。

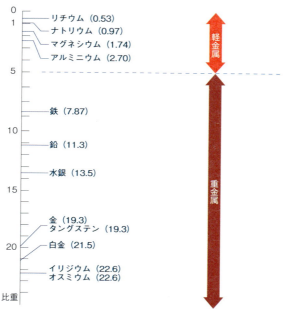

**図1** 軽金属と重金属の比重

## 🔸 鉄は錆びやすい

　錆びるというのは金属の宿命ですが、なかでも鉄は錆びやすい金属です。一般に金属が錆びるというのは、空気中の酸素と結合して酸化物になることをいいます。鉄の酸化物としては、**酸化鉄（Ⅱ）**$FeO$と**酸化鉄（Ⅲ）**$Fe_2O_3$がよく知られています。

　鉄の錆には、**赤錆**と**黒錆**があります。赤錆の正体は酸化鉄（Ⅲ）です。これはすき間の多い結晶をつくるため、酸素がすき間に入ってさらに内部の鉄を錆びさせるので、やがて鉄全体がぼろぼろになって朽ちてしまいます。

　そんな鉄も高温になるまで熱すると、酸素と反応して黒錆が表面をおおうようになります。これは**四酸化三鉄**$Fe_3O_4$と呼ばれるもので、組成は$FeO \cdot Fe_2O_3$、すなわち酸化鉄（Ⅱ）と酸化鉄（Ⅲ）が1：1です。黒錆は緻密な結晶をつくるため、酸素が内部に入ることができません。このようなものを**不動態**といいます。

## 🔸 ステンレスは錆びない

　鉄と**クロム**$Cr$、**ニッケル**$Ni$の合金の**ステンレス**は、クロムが不動態をつくって鉄の酸化を防ぎます（**図3**）。一般的な18-8-ステンレスはクロム18％、ニッケル8％、残りが鉄の合金です。

## 🔸 化学カイロは錆を利用する

　鉄の酸化は困った現象ですが、これを積極的に利用した製品もあります。**化学カイロ**は、鉄が塩水を触媒として高速酸化されるときに発生する反応エネルギーを利用しています。また、お菓子の包装などに用いられる**脱酸素剤**も中身は鉄粉で、鉄を酸化させることで周囲の酸素がなくなることを利用します。

$$4Fe + 3O_2 \rightarrow 2Fe_2O_3 + 反応エネルギー（熱）$$

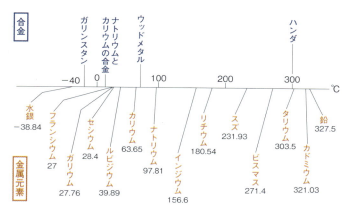

**図2** 金属と合金の融点

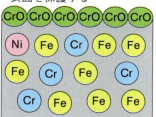

**図3** ステンレスはなぜ錆びないのか？

# 燃える金属

「金属が燃える!」などといったら、「そんなバカな?」とおっしゃるかもしれません。しかしながら金属は燃えます。燃えるというのは酸化されることであり、要は酸素と反応することです。

鉄は酸素と反応して酸化鉄(Ⅱ)FeO や酸化鉄(Ⅲ)$Fe_2O_3$ になります。一般に「錆びる」といわれる現象です。この現象はゆっくり進行しますが、これが速く進行すると「燃える」という現象になります。速く進行させるためには、どうすればよいでしょう? まず、たくさんの酸素を用意することです。そして、鉄が酸素と触れる機会を多くすることです。それには鉄の表面積を広げるのが有利です。

たとえば、鉄を綿状の細い繊維にした**スチールウール**を広口ビンに入れ、そこに酸素ガスを入れて火をつけると、スチールウールは火花を散らしながら激しく燃えます。すなわち、鉄は燃えるのです。

ほかの金属の中には、もっと激しく燃えるものがたくさんあります。金属が燃えて起こる火災を**金属火災**といいます。最近はマグネシウム Mg が燃える火災が目につきます。マグネシウムはアルミニウム Al などと合金にすると、軽くてじょうぶな金属になります。そのため、航空機や自動車のホイールなどに用いられるのです。

金属火災の怖い点は、消しようがない、ということです。もし、燃えているマグネシウム金属に、消火のために水をかけたらどうなるでしょう? マグネシウムは水と反応して水素ガス $H_2$ を発生させます。

$$Mg + H_2O \rightarrow MgO + H_2$$

　その結果、水素ガスに火がついて爆発します。ですから、金属火災の場合には、延焼や類焼を避けるのが精いっぱいで、基本的には金属が燃えつきるのを待つ以外ありません。そのため、マグネシウム火災は鎮火までに1昼夜とか、長いものだと1週間近くかかるものがあるのです。

　実験室で起こるような小規模の金属火災の場合には、乾いた砂をかけて燃えつきるのを待つ、というのが一般的です。そのため、金属を扱う実験室では砂の入ったミカン箱が置いてあったりするのです。決してネコ君を飼っているわけではありません。

図　スチールウールを燃やしながらのパフォーマンス

# 鉄のにおい

　校庭の鉄棒や鉄製の道具に触れると、手に独特のにおいがつくことがあります。これは鉄のにおいなのでしょうか？

　においを感じるということは、化合物が揮発してその分子が鼻の感覚細胞に付着することによって起こります。鉄が揮発するとは考えられません。では、このにおいの元はなんでしょう？

　ライプチヒ大学のチームがこの謎にいどみました。その結果、鉄イオンに触れた皮膚からは、炭素数7〜10の直鎖アルデヒド類、1-オクテン-3-オンなどが見つかりました。これがにおいの元凶だったのです。

　結局「鉄のにおい」と思われていたものは、鉄そのものではなく、鉄イオンと酸性（pH4.7）の汗によって皮脂が分解してできた有機物の混ざり合ったにおいだったというわけです。

# 第3章

# 鉄の化学

鉄は人間の暮らしにとって重要なだけではありません。鉄はすべての元素の中でも、特殊で重要な位置を占めているのです。恒星の一生は鉄に関係しています。そのような鉄の性質を化学的な観点から見てみましょう。

# 3-1 鉄の存在量

鉄は根源的な元素の1つです。恒星内の核融合の最終生成物として誕生したあと、恒星が大爆発するときには、鉄より原子番号の大きな元素の生みの親となります。

## 宇宙での鉄

鉄は年代を経た恒星の中に存在します。比重を考えると、そのような恒星の中心部は鉄でできているものと考えられています。

図1は宇宙全体における全元素の相対的な存在量です。水素Hとヘリウム Heが圧倒的に多いのは、ビッグバンで最初に生じた元素が水素であり、またヘリウムは水素の核融合で最初に生じる元素だからです。原子番号が偶数の元素が両隣の奇数番号の元素より多くなっていますが、これを発見者の名前をとって**オド・ハーキンスの法則**といいます。これも、元素が核融合で生じたことの証です。

図1を見ると、鉄は水素の数万分の1の存在量になっています。これは炭素C、酸素O、ケイ素Siなどの原子番号の小さな原子を除けば相当大きな存在割合であり、鉄より原子番号の大きな原子の中では圧倒的な割合を誇ります。すなわち、鉄は宇宙の中でもかなり大きな比率を示すのです。

## 地球での鉄

地球は直径約1.3万kmの球です。深さ30kmまでの表面を地殻といい、それより深くなると順に上部マントル、下部マントル、外核、内核と呼ばれています。その組成は図2に示したようなも

のと考えられています。

すなわち、外側はケイ素などの軽い元素が多く、内部深くなるにつれて鉄やニッケルなど、重い元素が多くなります。これは地球の成り立ちを考えれば当然のことです。すなわち地球は微惑星やダストが集まってできたものであり、誕生当初はその衝突エネルギーによって高熱となり、ドロドロに融けていたと考えられます。このような状態では、比重の大きい重いものは下に沈み、軽いものは上に浮きます。

そのせいで中心部は鉄やニッケルとなり、その外側にケイ素などが集まり、さらに表面は水と空気になったのです。地球を宇宙から見ると、表面の水が見えることから、「水の惑星」といわれますが、全体の組成からすると「鉄の惑星」というべきなのかもしれません。

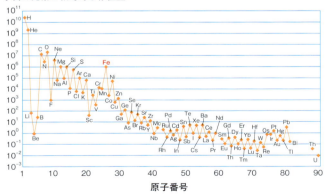

**図1　宇宙の元素の存在量**

## 地殻での鉄

 地殻がどのような元素でできているかを表す指標を、作成者の名前をとって**クラーク数**といいます。存在割合の多い元素10個のクラーク数を、**表**に挙げました。

 最も多いのは、ケイ素ではなくナント酸素です。もちろん、間違いではありませんし、この表が空気まで含めているのでもありません。間違いなく、地殻で最も多いのは酸素なのです。

 ただし、この酸素を気体の酸素と思ってはいけません。酸素は反応性の高い元素であり、多くの元素と化合して**酸化物**(金属なら錆)をつくります。すなわち、地殻の元素の多くは酸化物として存在しているのです。

 ケイ素Siは二酸化ケイ素$SiO_2$として存在しますが、その重さの53%すなわち半分以上は酸素の重さです。鉄も酸化物になっていますが、酸化鉄(Ⅱ)FeOなら22%、酸化鉄(Ⅲ)$Fe_2O_3$なら30%は酸素の重さです。こうしたことから、地殻に存在する物質としては酸素が多くなるのです。

 しかし鉄もたくさんあります。ケイ素、アルミニウムAlに次いで4番目の存在量を誇ります。クラーク数の表にある鉄以外の元素は、比重が5以下の軽い元素ばかりです。その中にあって、鉄が4番目の存在量というのは出色です。これも、地球には鉄が多いことの証の1つでしょう。

 注意したいのは、10番目のチタンTiです。これは銅や亜鉛、スズ、鉛など、身のまわりの金属よりも存在量が多いことがわかります。にもかかわらずレアメタル(希少金属)に指定されています。これからわかるように、希少金属というのはかならずしも資源量が"希少"ということでなく、日本にとって"希少"だということです。

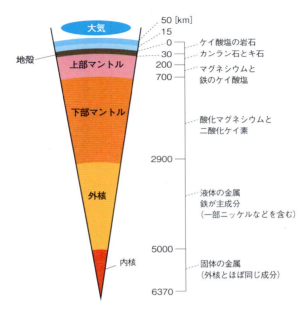

**図2** 地球の内部の構造と成分

| 順位 | 元素名 | クラーク数(%) |
|---|---|---|
| 1 | 酸素 | 49.50 |
| 2 | ケイ素 | 25.80 |
| 3 | アルミニウム | 7.56 |
| 4 | 鉄 | 4.70 |
| 5 | カルシウム | 3.39 |
| 6 | ナトリウム | 2.63 |
| 7 | カリウム | 2.40 |
| 8 | マグネシウム | 1.93 |
| 9 | 水素 | 0.83 |
| 10 | チタン | 0.46 |

**表** 地殻に多く含まれる元素とクラーク数(上位10番目まで)

# ビッグバンと鉄原子

それでは、鉄原子はいつ、どのようにしてできたのでしょうか?

## ◎ ビッグバン

宇宙には始まりがあります。それは**ビッグバン**(大爆発)と呼ばれる爆発です。素粒子論に興味があり、なにごとも突き詰めないと気がすまない方は、素粒子論の専門書をお読みください。ここでは、オオヨソの話がわかればOKという方のためのオハナシをさせてもらいます。

どことはいえませんが、とにかく極小の物質がありました。これが突然ふくれ上がり大爆発を起こしたのです。この爆発をビッグバンといいます。いまから138億年前の話だそうです。すべてはここから始まりました。すべてというのは、時間、空間を含めたすべてです。

この爆発によって膨大な量の中性子と陽子が生まれ、それが衝突して水素原子核になり、次にヘリウム原子核が生成し、中性子が**β崩壊**して電子も生まれました。これらの物質は、爆発の威力で四方八方へ吹き飛びます。この物質の到達した範囲が**宇宙の広さ**です。宇宙は広がることで急速に温度が下がり続けましたが、原子核が電子をとらえて原子になるまで、40万年もかかりました。実は、宇宙はいまも広がり続けていることが確かめられています。私たちは、ビッグバンによって生まれた空間で、そこから始まった時間とともに存在しています。

ですから、「ビッグバンはどこで?」という質問は意味をなさないことになります。ビッグバン以前には神話さえありません。

## ❖ 恒星の誕生

　水素原子は宇宙のすみずみにまで霧のように立ち込めました。しかし、時間がたつと密度に濃淡が現れました。濃いところは引力が増大して分子雲を形成し、それが太陽質量の $\frac{1}{100}$ 程度になると、さらに多くの水素原子が引き寄せられ、密度が増大しました。すると摩擦熱や断熱圧縮熱が発生し、集団は高温、高圧になりました。この結果発生したのが**原子核融合**です。これは4個の水素原子（$^1_1H$）が核融合して1個のヘリウム原子（$^4_2He$）になる現象ですが、このときに膨大な量の核融合エネルギーを放出します（図）。

$$4\,^1_1H \rightarrow\ ^4_2He + 核融合エネルギー$$

　これが、初期に生まれた第1世代の**恒星**です。恒星が輝き、熱をだすのは核融合エネルギーによるのです。

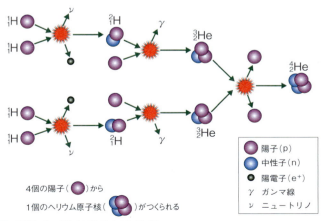

図　陽子からヘリウムが核融合されるしくみ

## ✺ 恒星の寿命

　誕生したばかりの第1世代の恒星は、水素原子のかたまりです。そこでは $_1H$ が核融合してヘリウム $_2He$ になるときに核融合エネルギーが発生し、恒星は輝きます。太陽程度の恒星であれば反応はそこまでですが、それ以上の恒星では、やがてすべての $_1H$ が $_2He$ になると、今度は $_2He$ が核融合してベリリウム $_4Be$ になり、エネルギーを放出し続けます。

$$2\,_2He \rightarrow \,_4Be + 核融合エネルギー$$

　しかし、このような核融合が連続して、鉄原子核が誕生したとしましょう。鉄原子核は安定しているがゆえにエネルギー極小です。そのため、第1世代の恒星内核融合反応ではどうやってもエネルギーを生産できません。

## ✺ 原子核の安定性

　原子核には安定した低エネルギーなものと、不安定で高エネルギーなものがあります。右上図は原子核のエネルギーと質量数の関係を表したものです。水素(質量数1)のような小さい原子核は高エネルギーですが、同時にウラン(質量数235)のような大きな原子核も不安定です。最も安定しているのは、質量数60程度の原子であり、鉄Feがまさしくこうした原子の1つなのです。

　ちなみに、ウランは核分裂して小さな原子核になるときにエネルギーを放出します。これが**核分裂エネルギー**で、原子爆弾や、現在の原子力発電のエネルギーの根源です。一方、水素は核融合して大きな原子核になるときに核融合エネルギーを放出します。将来有望な**核融合炉**は、このエネルギーを利用します。

# 第1世代の恒星は鉄まで核融合する

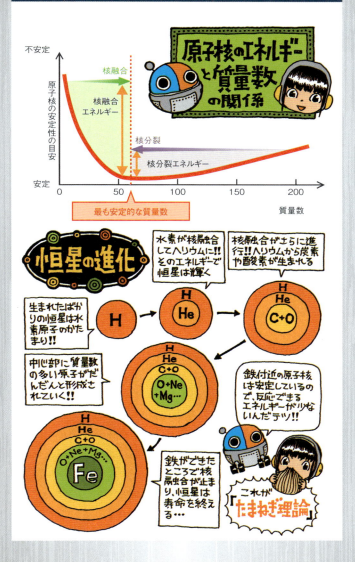

# 3-3 鉄は多くの原子の生みの親

ビッグバンによって発生した陽子と中性子（$\beta$崩壊して電子と陽子になる）から生まれたのが、原子番号1の水素原子でした。水素原子が集まって第1世代の恒星となり、その中の核融合によって最終的に生じたのが原子番号26の鉄原子でした。まさしく恒星は原子誕生の場でした。しかし、鉄よりも原子番号が大きな原子がいくつも存在します。これらの原子はどのようにして生成したのでしょう？

## ❈ 新星誕生

小さな原子の核融合が進行して鉄原子になってしまった恒星は、もう輝くことも熱をだすこともできません。そうした星はエネルギーバランスを崩して爆発します。そして、この爆発で生じた星くずが集まって、第2世代の恒星が誕生するのです。

たとえば、この中には炭素の同位体$^{13}$Cやヘリウム$^{4}$Heが存在します。これが反応すると、酸素$^{16}$Oと中性子nを生成します（**図1**）。

$$^{13}C + {}^{4}He \rightarrow {}^{16}O + n$$

こうした反応によって生じた中性子nが、鉄より原子番号の大きい原子誕生のカギを握ります。つまり、中性子は$^{56}$Feと反応して$^{57}$Feになり、さらに反応して$^{58}$Fe、$^{59}$Feになります。こうした反応を**中性子捕獲**といいます。

そして$^{59}$Feになると、原子核の1個の中性子が$\beta$崩壊を起こし、電子eを放出して陽子pに変化します。このようにして発生した電子eを、特に**$\beta$線**と呼びます。

$$n \to p + e$$

つまり $^{59}Fe$ は陽子が1個増えたために原子番号が1増え、その結果、鉄 $^{59}Fe$ からコバルト $^{59}Co$ に変化するのです。こうして鉄より大きな原子が誕生します。

その後も中性子捕獲と$\beta$崩壊を繰り返し、原子は次々と成長していきます。最終的には、ビスマス $^{209}Bi$ まで生じます。このビスマスに至る過程は100年以上もかかる大変遅い反応なので、**スロープロセス**と呼ばれています(**図2**)。

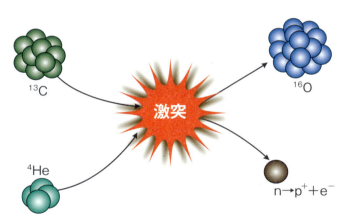

図1　原子成長のための原子核反応

## ✸ 超新星爆発

　第2世代以降の恒星のうち質量が太陽の3〜8倍のものは、やがて膨張する力を失うと重力によって収縮し始めます。この収縮はとどまることを知りません。電子は原子核の中にめり込みます。すると、陽子pは電子eと反応して中性子nになります。

$$p + e \rightarrow n$$

　このようになった星は、やがてエネルギーバランスを失い爆発します。これが**超新星爆発**という現象です。このときは大量の中性子が放出されます。そしてその中性子が鉄原子に降り注ぐのです。その結果、鉄原子は急速に肥大します。そしてこのときのエネルギーで、中性子は陽子と電子に分裂します。

$$n \rightarrow p + e$$

　すなわち、鉄に新たに陽子pが加わるのです。これは原子番号が増大することを意味します、つまり、鉄より大きな原子が誕生したのです。この過程は大変速い過程なので、**ラピッドプロセス**と呼ばれます。

　このように鉄は原子の誕生と成長において、非常に重要な役割を演じているのです。

　超新星爆発を経て残った星のシンのような部分が**中性子星**と呼ばれるものであり、恒星の最後の姿です。これは原子の電子雲が原子核の中に入ってしまったことを意味します。つまり、原子全体が原子核になってしまったのです。これは原子の直径が原子核の直径になる、つまり、直径が1万分の1になることを意味します。地球ならば、現在の直径1.3万kmがわずか直径1.3kmの球になってしまいます。

第3章 鉄の化学

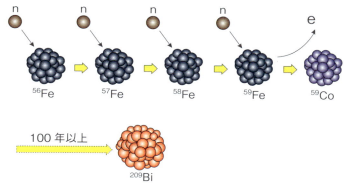

図2 スロープロセスでビスマスまでの重い原子が生まれる

図3 超新星爆発はウランまでの原子が生まれるラピッドプロセス

# 鉄の結晶状態

鉄の原子は金属結合をつくって金属鉄になります。このとき、金属イオンの並んだ様子を**結晶構造**といいます。

## 金属原子の配列

**図1**は金属結晶における金属原子の並び方です。基本的には3種類あります。**体心立方構造、立方最密構造**（面心立方構造）、**六方最密構造**です。立方体の中に球を詰める場合、どのように詰めても、かならずすき間ができます。2つの最密構造は、すき間が最も少なくなる詰め方で、すき間の割合は全空間の26％です。それに対して体心立方構造はすき間が多く、32％がすき間となります。

一般に、六方最密構造は結晶構造が壊れにくくなります。そのため、この結晶構造をしている金属は硬くて、展性、延性が乏しいといえます。

## 鉄の結晶

金属には、温度によって結晶構造が変わるものがあります。この現象を**変態**と呼びます。スズは低温になると変態して体積が膨張し、その部分がかさぶたのように変形します。これを**スズペスト**と呼ぶことがあります。

鉄も変態します。常温の鉄は**α鉄**と呼ばれ、体心立方構造をしています。これを加熱すると770℃で磁性を失い、以前はβ鉄に区分されましたが、結晶構造は体心立方構造のままなのでα鉄に統一されました。さらに加熱して911℃になると**γ鉄**となりま

すが、これは立方最密構造（面心立方構造）に変化しています。そして1392℃になるとδ鉄（デルタ）鉄となり、また体心立方構造へ変化します。ただし、このときはイオンの間隔が広がるので、結晶は少し大きくなっています。そして1536℃になると融けて液体になります。

　鉄は温度を上げると、液体になるまでの間に体心（α）→面心（γ）→体心（δ）とめまぐるしく結晶構造を変化させるのです。

### ◎ 炭素含有鉄の結晶構造

　このあとの製鉄のところでくわしく解説しますが、普通の鉄は微量の炭素を含みます。鋳鉄（銑鉄）で3％ほど、鋼鉄でも0.3％ほど含んでいます。そのため、私たちが普通に利用する鉄鋼は、

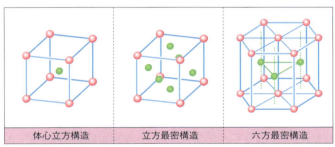

図1　金属原子の3種類の結晶構造

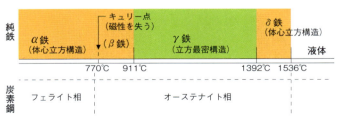

図2　純鉄と炭素鋼の温度による変態

多かれ少なかれ炭素を含んでいるのです。このような炭素鋼の結晶構造がどのように変化するかを見てみましょう。

## ❂ 炭素鋼の結晶変化

2％の炭素を含んだδ鉄（炭素鋼ではオーステナイト相という）を冷やしたらどうなるでしょう？ 純鉄だったら911℃でα鉄（炭素鋼ではフェライト相という）になりますが、炭素鋼はこの温度では変化しません。さらに温度が下がり723℃になって、α鉄になります。

このとき、結晶構造から炭素を追いだします。追いだされた炭素は一部の鉄と反応して、**炭化鉄（セメンタイト）**$Fe_3C$ をつくります。この結果、セメンタイトとα鉄が層状に重なったものができます。これをパーライトといいます。セメンタイトは非常に硬いものですが、パーライトは比較的軟らかい組織です。

## ❂ 焼入れ

炭素を含有したδ鉄を、炭素を追いだす時間を与えないほど急速に冷却したらどうなるでしょう？ この場合は、δ鉄に炭素が入ったまま固まります。この状態をマルテンサイトと呼び、非常に硬くなります。この操作が**焼入れ**といわれる熱処理技術になります。

## ❂ 焼きなまし

焼入れした鉄を加熱してゆっくり冷やすと、上記の経過をたどり、パーライトができて軟らかくなります。これが**焼きなまし**といわれる熱処理技術です。

第3章 鉄の化学

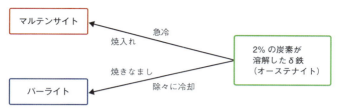

図3 焼入れと焼きなましの組織変化

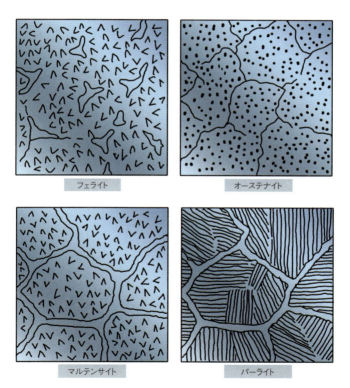

図4 炭素鋼のおもな結晶構造

# 3-5 鉄の化学反応

原子の性質の1つは、化学反応を起こして分子を生成するということです。先に見たように、鉄も酸素と反応して酸化鉄（Ⅱ）FeOや酸化鉄（Ⅲ）$Fe_2O_3$を生成します。ここでは鉄の起こす化学反応を見てみましょう。

### ✪ イオン化傾向

鉄を硫酸$H_2SO_4$水溶液（希硫酸）につけると、発熱して気泡が発生します。気泡を集めて火をつけると燃えることなどから、気体は水素ガス$H_2$であることがわかります。希硫酸中には水素イオン$H^+$が存在するので、次のような反応が起こったのでしょう。

$$Fe + 2H^+ \rightarrow Fe^{2+} + 2H（水素原子） \rightarrow Fe^{2+} + H_2（水素分子）$$

この結果から、鉄Feと水素Hを比べると、鉄のほうがイオン$Fe^{2+}$になりやすいことがわかります。このような実験を多くの金属に対して行うと、金属元素間でイオンになりやすさの順序を決めることができます（**イオン化傾向**という）。

**図1下**はいくつかの金属元素をイオン化傾向の大きい順に並べたもので、**イオン化列**といいます。図の左のものほど、イオン化しやすいことを表しています。

### ✪ トタンとブリキ

鉄は酸素と反応して酸化鉄（Ⅱ）FeOになります。この反応は、まず鉄がイオン化して$Fe^{2+}$となり、これが酸素と反応してFeO

となったものです。すなわち、鉄を錆びさせるこの反応は、せんじ詰めれば鉄のイオン化に由来するのです。

鉄と亜鉛Znを接合しておいたらどうなるでしょう？　亜鉛は鉄よりイオン化傾向の大きい金属です。そのため、鉄がイオン化する前に亜鉛がイオン化してしまいます。すると、亜鉛が存在するかぎり鉄がイオン化することはなく、錆を防ぐことができます。

このような目的で鉄に接合された金属（亜鉛）を、**犠牲電極**といいます。プレハブの屋根などに用いられるトタンは、鉄板に亜

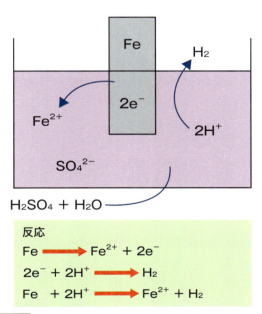

図1　イオン化傾向

鉛めっきしたものです。トタンの鉄板が錆びにくいのは、このような理由によるのです。

一方、オモチャや缶詰に用いられるブリキは、鉄板にスズSnをめっきしたものです。スズは鉄よりイオン化傾向が小さいので錆びにくく、それで内部の鉄板を保護しているのです。

## ❂ 錯体生成

鉄の重要な性質の1つは、**配位結合**をするということです。配位結合は、金属原子同士の結合である金属結合とは違い、無機分子や有機分子と結合する力です。

すなわち、鉄原子や鉄イオンは水、アンモニア(無機化合物)だけでなく、**ポルフィリン**のような有機化合物とも結合できるのです。このように金属原子や金属イオンが無機分子や有機分子と結合してつくった分子を、一般に**錯体**、あるいは**錯イオン**といいます。

インクの原料である**フェロシアン化物イオン**$[Fe(CN)_6]^{4-}$は、2価の鉄イオン$Fe^{2+}$と6個のシアン化物イオン$CN^-$が配位結合したものです。**フェリシアン化物イオン**$[Fe(CN)_6]^{3-}$は、3価の鉄イオン$Fe^{3+}$と6個のシアン化物イオン$CN^-$が配位結合したものです。

ほ乳類の酸素運搬物質としてよく知られた**ヘモグロビン**は、タンパク質とヘムが結合した複合タンパク質です。このヘムは鉄イオンとポルフィリン(環状有機物)が配位結合してできたものです。構造は**図2**のように、ポルフィリンの4個の窒素原子Nが鉄と配位結合しています。しかし、フェロシアン化物イオンなどに見るように、鉄は6個の原子と配位結合することができます。ヘムでは、鉄イオンは2本の結合手を余らせて(遊ばせて)いるように見えます。

しかし決してそうではありません。通常の図には描いてありませんが、鉄はこの2本の結合手のうちの1本でタンパク質と結合し、もう1本で最も重要な「酸素」と結合しているのです

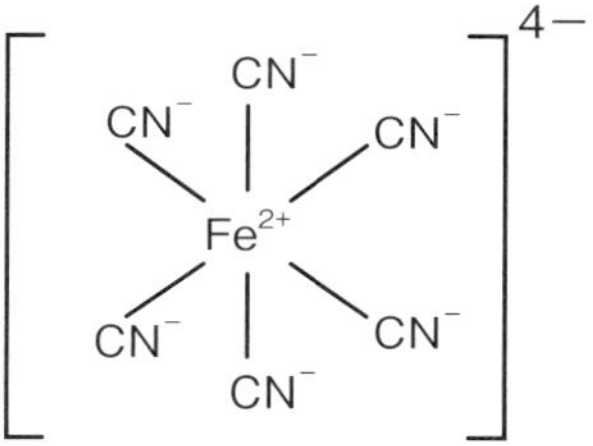

フェロシアン化物イオン

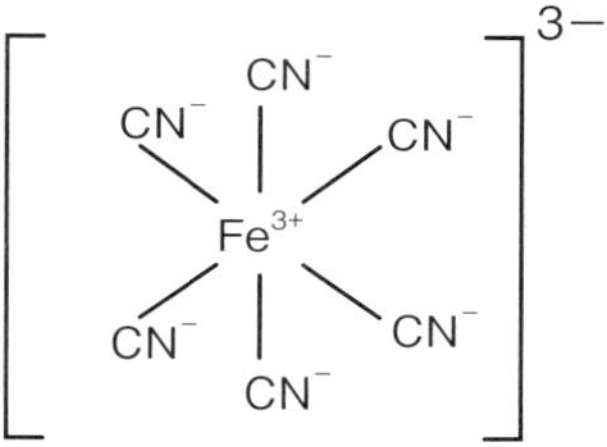

フェリシアン化物イオン

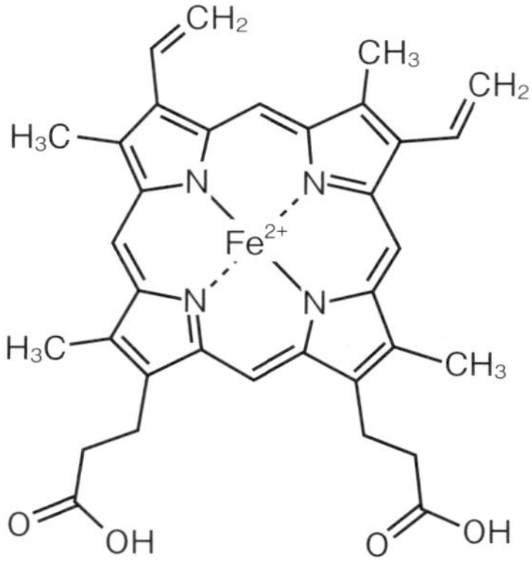

ヘム（ヘモグロビンの機能中心となる分子）

**図2** 錯体は、同じような構造でも中心金属の電荷によって異なる化合物となる

# 黒豆と古釘

　お正月のおせち料理に欠かせない黒豆を煮るときに、古釘を入れるとよいといわれます。迷信でしょうか？　いいえ、迷信ではありません。黒豆にはタンニンが含まれています。タンニンは鉄イオンと結合すると黒くなります。ですから、釘などの鉄といっしょに煮ると、黒豆の色がさらに黒く美しくなるのです。

　しかし、古釘である必要はないのですが、もしかしたら、新しい釘には錆止めの油がついていたりするのかもしれません。鉄だったらなんでもよいわけですから、鉄鍋で煮るなら、なにも入れる必要はありません。

　秋田の秋田焼きは釉薬（ゆうやく）のかからない、素焼きです。この茶碗はお茶を飲むうちに漆黒（しっこく）になります。これも茶碗の土に含まれる鉄とお茶のタンニンが結合して黒くなったのです。

# 第4章
# 変貌する鉄

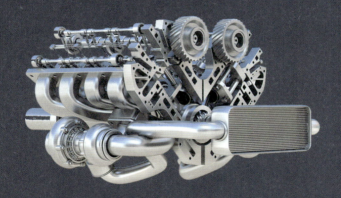

鉄は「鉄」のまま存在しているのではありません。純粋な鉄はむしろめずらしいものです。多くの鉄は、ほかの元素を添加させた合金です。合金になることによって、鉄は純粋なときより何倍も強力で多機能になります。

# 4-1 合金の今昔

　金属はすぐれた素材ですが、強度、耐熱性、耐薬品性、磁性などではもの足りないこともあります。そのようなときの解決手段として昔から用いられてきたのが、複数種類の金属を溶け合わせた**合金**でした。鉄の合金もいろいろつくられています。

### ❀ 伝統的な合金

　純粋な金属を得ることは非常に難しいので、人類がこれまでに使ってきた金属はすべて合金だといってもいいでしょう。なかでもよく知られているのは、青銅(ブロンズ)です。

　青銅は銅CuとスズSnの合金です。つくり方は簡単で、融点の低い(約232℃)スズを融かして液体にし、そこに固体の銅を投入すると銅がスズに溶け込んでいきます。一般に青銅はチョコレート色ですが、錆びると銅錆(緑青)の色の青緑色になるので、日本では青銅といわれます。

　しかし錆びる前の青銅の色は、銅とスズの割合によってチョコレート色から金色、銀色までいろいろな色に変化します。そのため、中国では「美金」と呼ばれたほどです。中国で鉄が実用的に用いられたのは比較的遅いのですが、これは青銅器文明が発達していたので、鉄器の必要性が低かったからだろうという説もあります。

### ❀ アマルガム

　おもしろいのは水銀の合金です。水銀の合金は一般に**アマルガム**といわれます。多くの金属がアマルガムをつくりますが、逆に

鉄、ニッケル、コバルト、アルミニウムなどはアマルガムをつくらないことで有名です。アマルガムには液状のものや泥状のものがたくさんあります。

　金も泥状のアマルガムをつくります。金アマルガムは金めっきに用いられます。金めっきの方法は、銅像の表面に金アマルガムを塗り、その後加熱すると350℃程度で水銀が蒸発し、あとには金が残ります。これをへらで整形して金めっきが完成します。奈良・東大寺の大仏はこの方法でめっきされ、文献によれば約9トンの金と約50トンの水銀が用いられたといいます。

**図1**　金アマルガムによる大仏の金めっき

もしそうだとすると、奈良盆地には水銀蒸気が立ち込めたはずであり、大気汚染、水質汚染などの深刻な公害が避けられなかったでしょう。

## ❈ 近代的な合金

　近代になると、各種のすぐれた合金が開発されました。アルミニウムと銅、亜鉛などからなる**ジュラルミン**もその1つでしょう。ジュラルミンは軽くてじょうぶで、それまでの構造材だった鉄を凌駕（りょうが）するものでした。そのため、航空機の機体はもっぱらジュラルミンでつくられました。ジュラルミンがなかったら航空機産業はいまほど発達していなかったでしょう。

　現在はさらに軽くてじょうぶな**マグネシウム合金**が開発され、航空機や自動車の車体に利用されています。

　一方、貴金属の一種といえる合金に**ホワイトゴールド**があります。日本語に直訳すれば白金となるのでしょうが、白金といえば元素である**プラチナ**のことと決まっています。もちろんホワイトゴールドはプラチナではありません。金、ニッケル、パラジウムなどの合金です。そのため、ホワイトゴールドの日本語訳は「白色金」という少々苦しいものになっています。

　**ウッドメタル**や**ガリンスタン**と呼ばれる合金は、低融点金属として知られています。特にガリンスタンは室温で液体になるため、温度計の表示バーなどに用いられます。ウッドメタルはお湯で融ける金属ですが、毒性があるため、食品に触れさせることはできません。こちらはスプリンクラーの感熱ヘッドなどに用いられています。

第4章 変貌する鉄

**図2** ジュラルミンを使った代表的な爆撃機、B-29　　　　　　　　（画像：Wikipedia）

**図3** 零戦には超々ジュラルミンが使われた　　　　　　　　（画像：Wikipedia）

**図4** ホワイトゴールドのリング

# 高硬度鋼は特殊用途向け

一般に「鉄は硬い」と思われていますが、実はそうではありません。**純鉄**のモース硬度は4程度で、蛍石(はたるいし)と同じくらいしかなく、ガラス(5)より軟らかいことに驚きます。しかし、焼入れなどの伝統的な熱処理技術で硬度を上げることは可能です。一方、抜本的な手段で鉄の硬度を上げる目的で開発されたのが、鉄合金の**高硬度鋼**です。一般には**工具鋼**と呼ばれています。

## ❂ 炭素工具鋼

ばねに使う鋼は柔軟性に富み、弾力があります。反対に、高炉からでたばかりの銑鉄は硬いのですが弾力はなく、すぐに欠けてしまうもろさがあります。

両者の違いは炭素の含有量です。高炉の中でコークス(炭素)とともに加熱された銑鉄は、3％程度の炭素を含みます。それに対して鋼は、転炉の熱で銑鉄中の炭素を酸素と反応させ、二酸化炭素として取り除くので、炭素の含有量は銑鉄の$\frac{1}{10}$以下になります。

ということは、純鉄に炭素を添加すれば硬い鉄ができることになります。このような意図でつくられた硬度鋼が**炭素工具鋼**です。**SK材**として知られていますが、これは0.6〜1.5％ほど炭素を添加したものです。

## ❂ 合金工具鋼

**合金工具鋼**は、炭素工具鋼にほかの金属を添加したもので、さらに硬くなっています。

**低合金工具鋼**と呼ばれるSKTやSKSは、炭素工具鋼に少量のタングステンW、クロムCr、バナジウムVなどを加えたものです。これらの添加物はいずれも**レアメタル**であり、その資源量、価格などが問題になります。

**冷間ダイス鋼**と呼ばれるSKDは、炭素工具鋼に少なくとも3%以上のクロムを添加し、そのほかにタングステン、モリブデンMo、バナジウムなどを加えたものです。**プラスチック金型用鋼**と並び、金型用の素材として多用されています。モリブデンもレアメタルです。このように、高硬度鋼はレアメタルなしでは成立しないのが現状です。

**図1** 工具鋼でつくられた旋盤

## 😊 高速度工具鋼

　**高速度工具鋼**は鉄の合金では現時点で最も硬いとされる鋼です。鉄にタングステン、クロム、モリブデン、バナジウムなどを加えたものですが、添加物の量が合金工具鋼より多くなっています。

　それにともなって硬度は合金工具鋼よりも高くなっていますが、半面、もろくなっており、欠けるという欠点があります。

## 😊 超硬合金

　全金属中、最も硬いとされるのは、残念ながら鉄合金ではありません。それは**超硬合金**と呼ばれ、代表的なものは**炭化タングステン**WCに結合剤としてコバルトCoを混合して焼結したものです。硬度をさらに向上させるため、**炭化チタン**TiCや**炭化タンタル**TaCなどを添加することもあります。

　超硬合金の特徴は硬度が高く、特に高温時の硬度低下が少ないことです。そのため切削（せっさく）工具や金型などに用いられます。しかし曲げ強度が弱いので、金型の用途に十分に応えきれていないのが実情です。

　超硬合金は、金属加工用の切削工具の材料として使われ、超硬合金を利用した工具は特に**超硬工具**と呼ばれます。超硬工具は自動車部品のエンジン、トランスミッション部品の製造に用いられます。

　将来、鉄の合金が発達し、超硬合金なみの硬度と鉄固有の粘り強さにもとづく成形性のよい合金が開発されたら、鉄の活躍の場は一段と広がることでしょう。

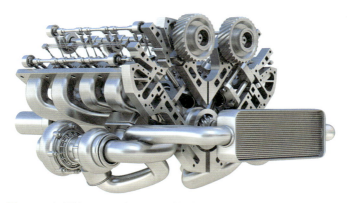

**図2** エンジン関係のパーツは超硬工具で高精度につくられる

**図3** 超硬工具はトランスミッションの部品加工に絶大な威力を発揮する

# 熱さ・冷たさを克服した耐熱鋼

鉄の融点は1536℃です。しかし、これは1536℃までは固体でいるというだけで、その強度、耐酸化性は高温になると明らかに低下し、実用に耐えられなくなります。

## ◈ 耐熱合金

現代の機械・機器は、高温の中でも用いられます。ジェット機のエンジンは1500℃の高温に達します。一般に、1000℃以上の高温に耐える合金を**超耐熱合金**といいます。

耐熱合金に要求される性質は、高温でも機械的強度が劣化しないことだけではありません。高温でも酸化されない耐酸化性も要求されます。図1は各種耐熱合金の性能をまとめたものです。

残念ながら、鉄の耐熱性は高くありません。そのため、超耐熱合金は鉄以外の金属を主体にしてつくられています。このような金属として用いられるのがニッケル（融点1455℃）、コバルト（同1495℃）を主体とし、それにチタン（同1666℃）、クロム（同1857℃）、ニオブ（同2477℃）、モリブデン（同2623℃）、タンタル（同2985℃）、タングステン（同3407℃）などを添加したものです。

## ◈ 耐熱鋼

鉄を主体とした耐熱合金は、特に**耐熱鋼**といいます。しかし、鉄以外の成分の総量が50%を超えた場合は、**耐熱合金**と呼びます。

耐熱鋼の多くは鉄に数%以上のクロムのほか、ニッケル、コバルト、タングステン、そのほかの金属を添加した合金です。鉄にクロムとニッケルを添加した合金は**ステンレス**として知られてい

ますから、耐熱合金はステンレスの同類と見ることができるでしょう。

さらに耐熱性をもたせるためには、金属の結晶状態、組織を変化させます。組織では、**マルテンサイト系、オーステナイト系**などが知られています。

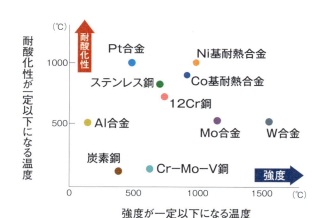

図1　耐熱合金の性能

図2　耐熱鋼でつくられる蒸気タービンの動翼

・マルテンサイト系

　クロムを12〜13％含む**ステンレス鋼**は、焼入れするとマルテンサイト組織になり、硬化します。この鋼は、耐酸化性、耐熱性ともにすぐれ、650℃の高温で使用できます。そのため、蒸気タービンの動翼(どうよく)(**図2**)などに使用されています。

・オーステナイト系

　18Cr-8Ni系(クロム18％、ニッケル8％)のオーステナイト系ステンレス、およびそれをベースに開発した耐熱鋼です。耐酸化性、耐熱性にすぐれ、さらに成形性、溶接性にもすぐれています。そのため、高温・高圧中で腐食性の燃焼ガスにさらされる排気弁などの材料に用いられます。

## ❖ 耐低温合金

　金属に要求される温度特性は、高温に強いものだけではありません。低温に強いものも要求されます。宇宙開発や超伝導応用などの先端技術分野では、極低温域(−250℃以下)で十分な機械的性質を有する金属が要求されます。

　純鉄は常温では粘り(靭性(じんせい))があり、壊れにくいのですが、残念ながら低温では粘りが急激に低下し、まるで岩石のようにもろく壊れます(低温脆性(ぜいせい))。そのため、ほかの金属を添加して合金にしますが、ここでも**ステンレス類似体**がよい成績を上げています。

　**表**にいくつかの低温用合金を示しました。−33℃程度なら炭素鋼でなんとかなりますが、それ以下の温度ではニッケルを含んだもの、さらに低温になるとステンレスやマンガンを含んだ**高マンガン鋼**になります。ただし、超伝導現象が起こる−269℃の低温に耐えられるのは、鋼でなくニッケル合金になってしまいます。

**図3** 耐低温合金でつくられているハッブル宇宙望遠鏡　　　　（画像：STScl、NASA）

| 絶対温度（K） | セ氏温度（℃） | 相当温度 | 使用可能な合金 |
|---|---|---|---|
| 373 | 100 | 水の沸点 | |
| 273 | 0 | 水の融点 | |
| 240 | −33 | 常用低温 | 炭素鋼 |
| 200 | −73 | シベリア最低気温 | 9%ニッケル鋼 |
| 111 | −162 | 液化天然ガスの沸点 | ステンレス鋼、高マンガン鋼 |
| 4 | −269 | 液体ヘリウムの沸点 | ニッケル合金 |
| 0 | −273 | 絶対零度 | |

表　耐低温合金

## 44 変幻自在な鉄合金

　鉄は合金にすることによって、すぐれた性質を獲得します。ここでは代表的な鉄合金を取り上げます。

### ◈ ステンレス鋼

　錆びて汚れる（ステン）ことのない（レス）鋼である**ステンレス鋼**は、日常生活に欠かせませんが、そればかりでなく、耐熱性、機械的強度でもすぐれているので、科学、産業用でも耐熱、耐低温、高硬度鋼として活躍しています。原子炉の圧力容器もステンレスでできています。

　ステンレスは鉄にクロムとニッケルを添加したものです。ステンレスでは、含有するクロムが空気中で酸化されて表面にち密な膜である不動態を形成し、そのために錆びにくくなります（p.51参照）。

　クロムがつくる不動態は硝酸のような酸化性の酸に対しては強いのですが、硫酸や塩酸のような非酸化性の酸に対しては強くありません。そこでニッケルを加えて、非酸化性の酸にも強くしています。

### ◈ ケイ素鋼

　**ケイ素鋼**は、鉄に少量（約3%）のケイ素を加えた合金です。磁石になる性質が比較的高く、安価であることから、変圧器やモーターの鉄心用磁性材料として現在最も多く用いられています。

### ◎ KS鋼

　KS鋼は、コバルト・タングステン・クロム・炭素を含む鉄の合金です。1917年に日本で発明され、それまでの3倍の保磁力を有する世界最強の永久磁石鋼として脚光を浴びました。その後、同じく日本でKS鋼の2倍の保磁力を有する**MK鋼**が開発されましたが、1934年にふたたび世界最強となる新KS鋼（**NKS鋼**）が発明されて現在に至っています。

**図1**　外装をすべてステンレス鋼にした高級腕時計

**図2**　高性能モーターの永久磁石には新KS鋼などが使われる

### ❀ マルエージング鋼

マルエージング鋼は、炭素の含有量を減らした鋼(0.03%以下)で、ニッケルとコバルトなどを合わせて30%含むものです。

強度、靭性にすぐれ、熱膨張率が少なく、しかも低温でも強度が保たれるなどの特徴をもっています。ウラン濃縮用の遠心分離機や、ミサイルの部品にも使用されることから、各国で軍事物質扱いとして輸出規制の対象となっています。身近なものでは、ゴルフクラブヘッドの素材として使われています。

### ❀ インバー(アンバー)

インバーは、鉄に36%のニッケルを加え、微量成分として0.7%ほどのマンガンおよび0.2%未満の炭素を含んだ合金です。インバーの最大の特徴は、常温付近で熱膨張率が小さいことです。インバーの**線形膨張係数**は鉄やニッケルのおよそ $\frac{1}{10}$ です。「インバー」(invar)という名称は、invariable steel(変形しない鋼)からきたものであり、日本語では「不変鋼」とも呼ばれます。

温度によって寸法が変化しないので、時計や各種実験装置、LNGタンカーのタンクなどに用いられます。

### ❀ パーメンジュール

パーメンジュールは、鉄とコバルトを1対1の割合で混合した合金です。金属の中で最大クラスの**磁束密度**をもち、磁石になりやすく、しかも磁力が残存しないことから、電磁石の鉄心やスピーカー、電子顕微鏡の磁界レンズなどに用いられます。しかし、細工しにくいのが短所とされています。

## ❖ クロモリブデン鋼

**クロムモリブデン鋼(クロモリ鋼)** は、鉄にごくわずかのクロム、モリブデンなどを添加した合金です。非常にすぐれた強度重量比を有しており、溶接が容易です。そのため各種構造管、自転車フレームなどのほか、アメリカ軍においてM16およびM4カービン銃の銃身での使用が認められた鉄鋼材の1つです。また、航空機にも使用されています。

**図3** マルエージング鋼の特徴を生かしたゴルフクラブのヘッド

**図4** クロモリ鋼仕様のロードバイクのフレーム

# 鉄の未来形

　鉄は人類が数十世紀にわたりつき合ってきた金属なので、なじみがあることに加えて、すぐれた性質をもつ金属です。ところが、人類の文明が進んだ現在、その要求に応えきれなくなっていることも否めない事実です。鉄は将来どうなるのでしょうか？　ほかの金属にとって代わられるのでしょうか？

### ◎ 機能性合金

　純粋な姿（純鉄）ではかぎられた性能しか示せない鉄が、多種類の金属と混ざり合って合金になると、多様ですぐれた性能を獲得することは、これまでの各節で説明したとおりです。

　合金の成分は金属元素とはかぎりません。鉄はそれを最も雄弁に物語る金属です。銑鉄はもちろん、鉄の代名詞である鋼ですら、「鉄と炭素の合金」です。合金の相手は金属元素ばかりではなく、炭素、ケイ素、ホウ素などの無機元素とも合金をつくります。

　元素の種類は、自然界に存在するだけでも92種類。その割合まで考えたら、合金の種類は無限大です。ここで注目したいのは、無機元素との合金です。後述するインドの**チャンドラバルマンの鉄塔**(p.150参照)が錆びないわけは、リンPとの合金である可能性があるからだといわれます。

　これも後述しますが、インドには**ダマスカス鋼**という幻の鋼がありました(p.146参照)。現在、復活再生したといわれますが、オリジナルにはナント炭素が**カーボンナノチューブ**の形で含まれていたといいます。

　合金を元素同士の単体からつくると考える時代は終わったのか

もしれません。金属と分子とまではいわないにしても、金属と原子集団程度の混合は考えるべき時代なのかもしれません。

**図1** ダマスカス鋼の模様を再現したナイフ

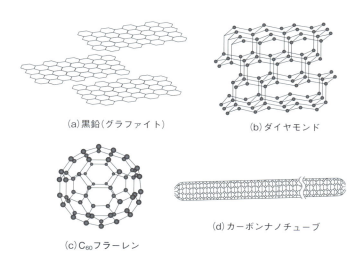

(a) 黒鉛（グラファイト）

(b) ダイヤモンド

(c) $C_{60}$ フラーレン

(d) カーボンナノチューブ

**図2** 炭素クラスター（集団）

## ❀ 結晶状態とアモルファス状態

　金属は結晶構造をつくります(p.69参照)。結晶構造は金属によって違い、また温度によって変態することがあります。当然のことながら、結晶構造が変われば性質も変わります。

　鉄の場合なら、体心立方構造、立方最密構造が基本ですが、炭素との合金である鋼になると、それぞれの単位構造との結合によって多くの相が生じ、学生泣かせの複雑な系統が生じます。

　ところが、このような前近代的、徒弟制度的な複雑階級制度を一挙に解消する組織があるのです。それが**アモルファス金属**、簡単にいえばガラス状金属です。

## ❀ アモルファス金属

　アモルファスは、簡単にいうと次のようなものです。水分子は小学生のようなものです。動きが速く、活発ですが、授業中は各自の机に座り、先生の方向を向いて規則的に並んでいます。これが結晶状態です。ところが授業終了のベルが鳴ると、全員机を離れ、動き回ります。これが液体状態です。しかし、授業再開のベルが鳴ると、すばやく机に戻り結晶状態に戻ります。

　二酸化ケイ素$SiO_2$も同じです。休み時間は自由な位置で自由な格好で休みます。ところが彼らは水分子ほど活発でも敏捷でもありません。授業再開のベルが鳴っても、自分の机にすぐ戻ることができません。グズグズダラダラしている間にも温度は下がり、運動能力は低下します。その結果、液体状態のまま動きをとめて「固体」になってしまいます。

　これがアモルファス、あるいはガラス状態といわれる状態です。しかし、一般に金属原子は水分子と同じように敏捷であり、アモルファス状態になることはありません。そのため、アモルファス金

属は瞬間的に冷却しやすい粉末、あるいは薄膜状のものに限定され、実用性はかぎられていました。

しかし最近、各種の合金からアモルファス金属のかたまりを製造できるようになりました。アモルファス金属は、硬度、耐熱性、耐薬品性、磁性など、いろいろな面で既成の金属よりすぐれた性質をもつことが、明らかになっています。将来、アモルファス鉄合金が、レアメタルをしのぐ抜本的な優良金属として登場する日がくるかもしれません。

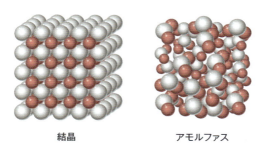

図3　結晶とアモルファスの違い

図4　アモルファス金属を鉄心にした製品

# 鉄と放射性元素

　2011年の東日本大震災で起きた福島県の原子炉事故によって、大量の放射性物質が環境に放出されました。環境を元の状態に戻すためには、この危険な放射性物質を回収しなければなりません。このために鉄が活躍しています。

　鉄とはいっても金属鉄のかたまりではありません。金属原子が酸化した分子です。2価の鉄イオン$Fe^{2+}$と6個のシアン化物イオン$CN^-$が配位結合したイオン$[Fe(CN)_6]^{4-}$を**フェロシアン化物イオン**といいます（p.75参照）。

　このイオンからできるフェロシアン化金属化合物$M[Fe(CN)_6]$（Mにはニッケル Ni、コバルト Co、亜鉛 Zn などの金属イオンが含まれる）は難溶性の化合物ですが、放射性物質のセシウム Cs を吸着する能力が非常に高いことがわかったのです。

　表はその結果です。10ppmのセシウム水溶液にフェロシアン化合物を浸漬した結果、吸着されたセシウムのパーセントを表したものです。Mの部分に含まれる金属イオンがなんであれ、24時間後には溶液中のセシウムのほとんどが吸着されることがわかります。

|  | 80分後（%） | 24時間後（%） |
|---|---|---|
| フェロシアン化ニッケル | 65 | >99 |
| フェロシアン化コバルト | 38 | 98 |
| フェロシアン化鉄 | 24 | 94 |

表　フェロシアン化金属化合物のセシウム吸着率

## 第 5 章

# 鉄の製造

地殻中に最も多く存在する元素は酸素です。それは多くの元素が酸化物として存在するからです。鉄も同様です。鉄を利用するためには、酸化鉄から酸素を除かなければなりません。それを鉄の精錬といいます。

# 5-1 鉄鉱石の採掘

　金や白金などの貴金属と違い、化学反応を起こしやすい鉄は、自然界に純粋な形(純鉄)で存在することはありません。酸素やイオウSなどと結合し、しかもほかの鉱物と混ざった形で存在します。これを一般に**鉄鉱石**といいます。

## ❀ 鉄鉱石の種類

　鉄鉱石には多くの種類がありますが、酸化鉄を主成分とするおもなものは以下のとおりです。

- 赤鉄鉱：主成分は酸化鉄(Ⅲ) $Fe_2O_3$
- 磁鉄鉱：主成分は四酸化三鉄 $Fe_3O_4$。これは酸化鉄(Ⅱ) FeO と酸化鉄(Ⅲ)が1:1の組成
- 砂鉄：不純物が除かれた磁鉄鉱が粒状になった鉱物
- 針鉄鉱：主成分は FeO(OH)
- 鱗鉄鉱：針鉄鉱と組成は同じだが、鉱物としては区別される
- 褐鉄鉱：針鉄鉱と鱗鉄鉱の混合物

酸化物以外では、下記のものが知られています。

- 菱鉄鉱：主成分は炭酸鉄(Ⅱ) $FeCO_3$ であり、2価の鉄イオン $Fe^{2+}$ と炭酸イオン $CO_3^{2-}$ が結合したもの
- 黄鉄鉱：主成分は鉄とイオウの化合物である硫化鉄(Ⅱ) $FeS_2$ であるが、鉄鉱石としての価値はない

## ❀ 鉄鉱石の産出

第5章　鉄の製造

　太古の昔、地球上の大気は二酸化炭素が主成分であり、酸素はほとんどありませんでした。22〜27億年前に地球上にシアノバクテリアという光合成生物が出現しました。これは光合成によって酸素を生みだしました。この酸素が海水中の鉄イオンと反応し、酸化鉄（Ⅲ）$Fe_2O_3$となって海底に沈殿して赤鉄鉱になったといわれています。一方、酸素が少なく温度の高い地下深くでは、酸素成分の少ない四酸化三鉄となり、これが磁鉄鉱になったものと考えられています。

　鉄鉱石が製鉄の原料として経済的に引き合うためには、鉄の

**図1**　鉄鉱石の種類

含有量が多いことが重要です。なかでも高品質といわれる鉄鉱石は、50〜65％が鉄で占められています。このような鉄鉱石は、世界に約2000億トンあるといわれています。

このほか、低品質の鉄鉱石は高品質のものの5倍以上あると考えられ、結局、全世界の鉄鉱石の量は1兆トンを超えます。これは可採埋蔵量であり、今後、必要になればいくらでも鉱床が開発されるでしょうから、鉄の資源量は無尽蔵と考えていいでしょう。

### ◆ 鉄鉱石の経済

鉄鉱石は世界中から産出します。しかし、2006年時点での可採埋蔵量1800億トンのうち、ロシア、オーストラリア、ウクライナ、中国、ブラジルの上位5カ国だけで約73％を占めています。これは「レアメタル」の寡占状態と同じ構図です。資源量が多いので、レアメタルに指定されないだけです。

また、鉱石の品質の面から商業的な鉱山経営ができるのは、オーストラリア、ブラジル、中国、カナダ、インド、ロシア、アメリカ合衆国などにかぎられています。これらの国は、地面から直接鉄鉱石を掘りだす**露天掘り**ができることが特徴です。

日本は砂鉄が少量産出されるだけで、必要な鉄鉱石のほぼ全量を輸入しています。2006年度で見ると、輸入量1億3429万トンのうち、オーストラリアが61％、ブラジルが22％、インドが7％です。このように鉄鉱石を輸入に頼る日本としては、鉄鉱石の価格が気になるところですが、鉄鉱石の輸出はメジャー3社といわれるヴァーレ社、リオ・ティント社、BHPビリトン社が全輸出シェアの80％を占めるという典型的な寡占業界です。それもあって、2004年以降では鉄鉱石の価格が暴騰しているのが実情です。

第5章　鉄の製造

図2　鉄鉱石の露天掘り

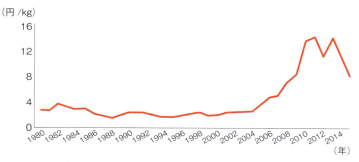

図3　鉄鉱石価格の推移

# 鉄とレアメタル

　ニュースによくでてくる言葉に、「レアメタル」「レアアース」があります。レアメタルは日本語訳で「希少金属」です。その名前のとおり、希少で少ない金属です。しかし、この"希少"という意味には注釈が必要です。レアメタルの定義は、次の3条件のいずれかを満たすもの、ということだからです。

①地殻中での存在量が少ない
②産出個所が特定の地域に集中している
③分離、精錬が困難である

　素直に希少といっているのは①だけです。②は簡単にいえば日本で産出しないものはレアメタルにする、ということです。③はレアアースが該当します。

　このように、レアメタルの定義は科学や化学とは無関係であり、経済的、政治的に決められた分類といっていいでしょう。レアメタルは全部で47種類あります。

　それではレアアースとはなんでしょう？　これは化学的な分類であり、日本語で**希土類**といいます。周期表の3族元素のうち、スカンジウムSc、イットリウムY、ランタノイドのことを指します。ところがランタノイドは元素群の名称で、全部で15元素の集団です。したがって、レアアースは全部で17元素の大集団だといえます。そしてレアアースはレアメタルの一員です。したがってレアメタル47種類のうち、17種類がレアアースです。

　鉄はどこにでもある元素ですから、もちろんレアメタルではあり

ません。しかし、レアメタルと深い関係があります。それもレアアース以外のレアメタルとです。

　レアアースは発光、磁性、レーザー発振などという、モノスゴク現代的な性質をもった元素です。そして、それ以外のレアメタルは、素材としていわば縁の下の力もち的な能力に長じています。このような能力といったら、鉄の独壇場です。ということで、これらのレアメタルの多くは、鉄との合金の材料に用いられます。耐熱鋼、高硬度鋼など現代科学産業の土台を支える鋼材は、ほとんどすべてが鉄とレアメタルとの合金なのです。

図　周期表におけるレアメタル

# 5-2 鉄の製造

　鉄鉱石から純粋な鉄を取りだすことを**製鉄**といいますが、一般的には「せいれん」といわれることが多いようです。専門用語の「せいれん」は工程を2段階に分け、鉄鉱石から不純物の混ざった鉄を取りだす過程を**製錬**、その不純鉄から純粋な鉄を取りだす操作を**精錬**としています。

## ❖ 酸素の分離

　製鉄の主原料は酸化鉄です。そのため、製鉄の基本操作は酸化鉄から酸素を除くことであり、化学的には**還元**といいます。また、原料の鉱石にイオウSが含まれている場合は、あらかじめ高温で処理してイオウを酸化し、気体の亜硫酸ガス$SO_2$にして除いておきます。

## ❖ 高炉の構造

　酸素分離の主役は、「溶鉱炉」とも呼ばれる**高炉**です。製鉄所の象徴でもある高炉は耐火れんがでできた巨大な塔で、高さは40m、おおいやホッパー、ベルトコンベアーなどの付属施設を含めると100mに達するものもあります。

　右図のような構造の高炉に、上から順にコークス、石灰石と砕いた鉄鉱石を層になるように入れていきます。そして熱風管から熱風を吹き込んでコークスを燃やし、その熱で鉄鉱石を燃焼、融解させて、鉄と残滓の**スラグ**に分けます。鉄鉱石とコークスの層は1時間に3mほどの速度でずり下がり、およそ8時間で還元されます。

## 製鉄所での流れ

## ❖ 高炉の利点

融けた鉄はスラグ滴となってしたたり落ち、高炉下の取出口からかきだされます。このようにしてできた鉄が**銑鉄**です。

高炉のすぐれた点は、伝統的な製鉄法とは違い、鉄を取りだすのに炉を冷やす必要がないため、連続操業できることです。現在の炉では、一度点火したら10年くらいは連続操業します。

## ❖ 高炉内の反応

高炉の中で起こる反応は次のようなものです。まず熱せられたコークス(炭素C)が鉄鉱石中の酸素と反応して、一酸化炭素COになります。この高温の一酸化炭素がさらに鉱石中の酸素と反応して二酸化炭素$CO_2$になります。このようにして酸化鉄$Fe_2O_3$から酸素を除き、鉄Feにするのです。

$$Fe_2O_3 + C \rightarrow 2FeO + CO$$
$$FeO + CO \rightarrow Fe + CO_2$$

最新の高炉では、1日に[鉱石(1万トン)＋コークス(4500トン)＋石灰石(3000トン)＋熱風(1万8000トン)]から[銑鉄(5000トン)＋スラグ(3500トン)＋排ガス(2万7000トン)]が生じます。

## ❖ 炭素の除去

このようにしてつくられた銑鉄には、2〜6％ほどの炭素が含まれています。そのため硬くてもろく割れやすいので、構造材には用いられません。構造材に用いられる鋼にするためには、銑鉄から炭素を除く必要があります。そのための装置が**転炉**です。

「転炉」という名前は、銑鉄を鋼鉄に"転換させる"という意味

でつけられたといいます。転炉に、できたままの融けた銑鉄を入れます。そして底の管から空気を吹き込みます。すると、空気中の酸素が銑鉄中の炭素と反応して燃焼し、一酸化炭素や二酸化炭素になって酸素を除きます。この反応は燃焼なので熱が発生します。したがって、転炉では加熱の必要はありません。

この操作によって、銑鉄内に残っていたケイ素Siやカルシウム Caは、それぞれ酸化されて二酸化ケイ素$SiO_2$や酸化カルシウム CaOになりますが、比重が小さいのでスラグとして鉄の上に浮きます。この状態で炉を傾けて、スラグと鋼鉄を分け取るのです。

図　転炉

# 鉄の種類

　鉄は身近な金属です。それだけに人類は鉄の性質をよく知っており、鉄をいろいろな種類に分けて、それぞれ固有の名前をつけて呼びました。よく使われるものでも、銑鉄と鋼鉄があります。これらの名前と構造、性質を整理しておきましょう。

## ❽ 炭素含有量の多いもの

　第4章で紹介した合金は別として、いわゆる鉄といわれるものは、多かれ少なかれ炭素を含んでいます。これは鉄鉱石の還元過程で炭素を用いることから、炭素が鉄中に含浸(がんしん)されたもので、還元剤として炭素を用いるかぎり避けられません。しかし、この炭素が鉄の性質に大きな影響を与えることが明らかになっています。

　一般に炭素が多いと、硬くてもろくなり、構造材には用いられません。逆に炭素が少ないと軟らかく、粘り強くなります。刃物や構造材に用いられるのは後者です。

### ○銑鉄
　溶鉱炉でつくられた鉄を、一般に銑鉄といいます。炭素を2〜6％ほど含みます。昔の日本ではずく(銑)と呼んでいました。

### ○鋳鉄
　鋳物(いもの)をつくるための鉄を鋳鉄といいます。基本的に銑鉄と同じものですが、銑鉄に比べてケイ素が多く、マンガンが少なくなっていることが多いです。

### ❂ 炭素含有量の少ないもの

銑鉄を転炉で加工して炭素分を燃やし、炭素成分を少なくすることができます。

### ○鋼

炭素の量を2％以下にしたものを一般に鋼、あるいは鉄鋼といいます。炭素の含有量によって、さらに最硬鋼、硬鋼、半硬鋼、軟鋼などに分けることもあります。

### ○軟鋼

軟鋼は軟鉄と呼ばれることもあります。

### ○特殊鋼

鋼にほかの金属を添加した合金を特殊鋼といいます。

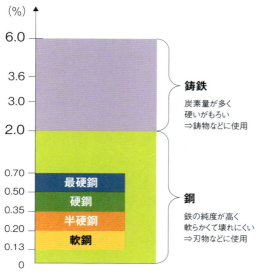

図　炭素含有量による鉄の分類

# 世界の製鉄の歴史

歴史の教科書では、人間が道具を使った変遷は、石器・土器時代から青銅器時代、それから現代に続く鉄器時代へと進行したことになっています。

### 青銅器時代と鉄器時代

なぜ青銅器時代が先で、鉄器時代があとなのかといえば、古代遺跡から鉄器が見つかっていないこと、および、青銅の原料である銅（融点約1085℃）やスズ（融点約232℃）に比べて、鉄の融点（1536℃）が高いということが挙げられます。

しかし、この時代の順序に疑問を呈する説もあります。古代遺跡から鉄が見つからないのは、青銅に比べて腐食しやすく、容易に消滅するからだというのです。また、鉄鉱石から鉄を得るのに、鉄を融かす必要はなく、したがって1536℃どころか、最低なら400℃程度で鉄を得ることはできるといいます。

### 古代の製鉄法

19世紀末ごろまで、未開民族の間では次のような製鉄法が実際に行われていたようです。それは、鉄鉱石を木炭といっしょに400℃から800℃に加熱するのです。すると鉄鉱石に含まれるイオウやリンが酸化物の気体となって除去され、酸化鉄の酸素は木炭の炭素と反応し二酸化炭素となって除去されます。

この結果、スポンジ状の鉄（銑鉄相当）が得られます。これをハンマーで叩き、孔を埋めて鉄塊にします。同時に、残っている不純物を火花として叩きだし、純度を上げるのです。

人類が実際に製鉄を始めたのがいつかはわかりませんが、このような簡単な方法で鉄ができるものなら、歴史の教科書でいう年代よりかなり先に人類が鉄を使っていた可能性はありそうです。

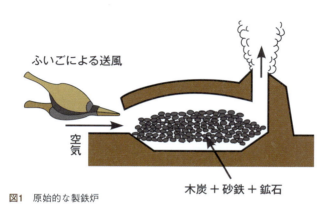

図1　原始的な製鉄炉

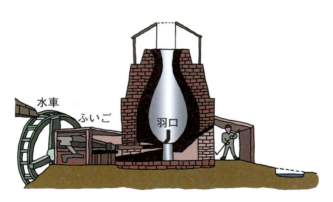

図2　16世紀イギリスの高炉の想像図　　（L. Aitchison, *A history of metals*, 2, p.410）

## ❖ 中世の製鉄

ローマ時代から近代に至るまで、人類は世界中で同じような方法を用いて鉄をつくってきたようです。それは、日本のたたら製鉄と基本的に同じものです。ただし、けら押しのように鉄鉱石から直接鋼を得る技術は、日本以外にはなかったようです。

高炉は14〜15世紀にドイツで発明されたといわれています。問題は、高炉で生産されるのが銑鉄であり、炭素分が多いために硬くてもろいので、構造材に使えないことです。しかし、融点が1200℃程度と低いので、鋳物にすることはできます。つまり鍋や釜には十分ですが、刃物や橋には使えなかったということです。

## ❖ 近代の製鉄

銑鉄から炭素を除く方法は、1783年にイギリス人のヘンリー・コートが実用化した**パドル法**によって普及しました(パドルはボートの櫂のこと)。パドル法では、銑鉄を**反射炉**で加熱します。反射炉は、熱源の熱をれんがの屋根や壁で反射させて銑鉄に伝える炉で、熱源の炭素と銑鉄が接触することはありません。銑鉄中の炭素が二酸化炭素になって除かれると、鉄の純度が上がり、融点が高くなって鉄に粘りがでてきます。

ここで櫂のような板を挿し込み、人力でこねまわして反応を進行させ、最終的に櫂にへばりついた鉄を回収するというものでした。この方法で得た鉄を**錬鉄**といいます。錬鉄は炭素分が0.1%程度と非常に低く、軟らかいながら鍛造できたので、構造材として用いられました。パリのエッフェル塔は錬鉄で組み上げられました。

この錬鉄から鋼を得るために、錬鉄を木炭で包んで加熱するなどいろいろ工夫されました。しかし、1856年にイギリス人のヘ

ンリー・ベッセマーが**転炉**を発明すると、銑鉄を一気に鋼に換えられるようになり、しかも一度に大量の鋼が生産できるようになって、現代に至っているのです。

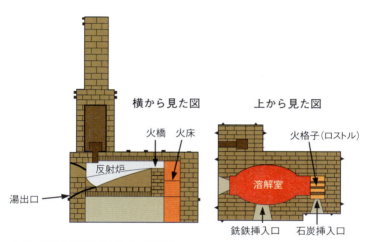

**図3** 銑鉄を再溶解するための反射炉

(G. Jars, *Voyage Métallurgiques*)

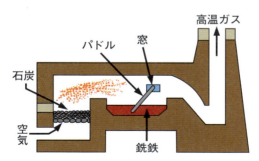

**図4** 近代のパドル炉

# 日本の伝統的な製鉄法

日本の古代の製鉄については、くわしいことがわかっていません。紀元前11世紀ごろにヒッタイトで発見された製鉄法が、インド、中国を経由して紀元前3世紀ごろに国内に伝わったといわれています。それから長い時間が経過し、中世の戦国時代を経て江戸時代になると、日本独自の高度な製鉄技術が発達しました。

## ❂ 日本式伝統製鉄法の基本事項

日本の伝統的な製鉄法は、特殊な原料と道具を用います。日本では製鉄の原料に砂鉄を用いました。砂鉄は先に見たように磁鉄鉱であり、その主成分は基本的に四酸化三鉄$Fe_3O_4$ですが、不純物の混ざり方によって、酸化チタン$TiO_2$の含有量が少ない良質の真砂砂鉄と、チタン分が多い赤目砂鉄に分けられます。

道具には鞴を用います。古代日本では足踏み式の踏鞴を「たたら」と呼びました。このことから、鞴を使う日本式の製鉄法を、**たたら製鉄**と呼んだといわれています。日本式製鉄には2通りの製鉄法がありました。

## ❂ 間接製鉄法

前節で見たように、製鉄には酸素を除く還元工程と、炭素を除く除炭工程が必要です。間接製鉄法はこの2工程を分離して行うもので、いわば現代式製鉄法のはしりと呼ぶべきものです。原料には赤目砂鉄を用いました。

炉の模式図を右図に示しました。図の中央にあるのが炉で、その左右にある天秤山が鞴です。足で踏む踏鞴で強力な風（酸素）

を送ったようです。ここに砂鉄と木炭の混合物を入れます。3日間ほどこの操作を続けると、銑鉄に相当する"ずく"が生成します。そのため、この方法はずく押しともいわれます。

生成したずくは大鍛冶場に送られ、そこで分断されて良質の部分とそうでない部分に分けられました。極上の部分は**玉鋼**（たまはがね）とされ、日本刀の製作に用いられましたが、そうでない部分はハンマーで炭素の多い不純物を叩きだし、**左下鉄**（さげがね）と呼ばれる鋼や、さらに炭素分を下げて軟らかくした**包丁鉄**にされました。

## ❂ 直接製鉄法

日本の誇れる製鉄法が、この直接製鉄法です。これは、現代の2段式製鉄法とは異なり、鉄鉱石から直接鋼を得る方法です。この方法で得られる炭素分の少ない鉄(鋼)をけらといったことから、この方法は**けら押し**、あるいは**たたら吹き**（ぶき）と呼ばれました。

たたら吹きは現在でも高度な職人技的なものであり、その詳細は明らかになっていません。ずく押しの4日間に対して3日間で終了しますが、最後はかなりの高温になります。この工程で、途中で生成した銑鉄中の炭素を、空気(酸素)で燃焼させて除いているのかもしれません。

たたら吹きは厳重な温度管理が必要です。昔はそれを炉に開けた小穴から炉内をのぞいて推し量るしかありませんでした。そのため、製鉄の責任者である**村下**（むらげ）は失明の覚悟をしていたといいます。まさしく命がけの製鉄だったのでしょう。

たたら吹きでは、砂鉄13トン、木炭13トンから、けら2.8トン、ずく0.8トンが得られました。したがって、鉄の歩留りが28％と、現在から見れば非常に悪い値でした。しかも、けらの中から選別された玉鋼は、1トン以下というわずかなものだったといいます。

玉鋼がいかに貴重なものであったかがわかろうというものです。

　玉鋼は炭素量1〜1.5％の鋼で、刃物に最も適する化学組成をもっています。また、左下鉄は約0.7％、包丁鉄は0.1〜0.3％の炭素量で、展延性に富んだ組成をもっています。いずれも、そのほかの不純物元素の含有量がきわめて低く、鉄鋼材料としてきわめてすぐれた素材といえます。

**図1**　叢雲（むらくも）たたらのけら　　　　　　　　　　（画像提供：和鋼博物館）

**図2**　砂鉄　　（画像：Wikipedia）　　**図3**　玉鋼　　　　（画像：Wikipedia）

# 鉄バクテリア

　地球にはいろいろな種類の生物がいて、それぞれの生き方は違っています。私たちほ乳類は、有機物の食物を食べ、それを消化、代謝（すなわち酸化）することで化学反応エネルギーを生産し、それによって生命活動を行っています。しかし生物の中には、ほ乳類とはまったく異なる食物からエネルギーを生産するものがいます。

　そうしたものの1つに、**鉄バクテリア**と呼ばれる微生物がいます。この微生物は鉄を食物とする生物です。すなわち、土壌中に存在する2価の鉄イオン$Fe^{2+}$を酸化して、より低エネルギーの3価の鉄イオン$Fe^{3+}$にすることで、エネルギーを得ているのです。

　鉄バクテリアは、みずから酸化して得た$Fe^{3+}$を用いて、水酸化鉄(Ⅲ)$Fe(OH)_3$をつくり、これを自分を包む殻とします。つまり、水溶性の鉄イオン$Fe^{2+}$を不溶性の固形物$Fe(OH)_3$にするのです。この殻は、バクテリアが死ぬと赤茶けた沈殿物となって堆積します。1個のバクテリアが遺す殻（$Fe(OH)_3$）の量はわずかですが、集団となるとその量はバカになりません。

　かつて存在した膨大な量の鉄バクテリアは、莫大な量の水酸化鉄(Ⅲ)を遺しました。現在、世界中の各地に存在する大規模な褐鉄鉱からなる鉄鉱床は、長年にわたる鉄バクテリアの活動によって生成されたものといわれます。

　鉄バクテリアは、現在も土壌中に普遍的に存在して活動しています。日本でも水田の取水口付近や、コンクリート構造物の漏水個所など、湧水量が少なく、またその移動量が少ない場所で大量に繁殖することがあります。そして、サビ色のドロドロとした沈殿物を生成します。

## 第6章

# 日本刀の秘密

日本刀は武器になるだけではありません。日本刀は日本が誇る鉄の芸術品です。また柄(つか)、鍔(つば)、鞘(さや)などの拵(こしら)えまで加えれば、総合芸術品です。日本刀の強さと美しさの秘密を見てみましょう。

# 6-1 日本刀の歴史

日本刀の特徴は、すでに刃物としてのありようよりも、美術工芸品としての姿に価値が認められていることでしょう。こうなったのは天下泰平の世になった江戸時代からのことで、それ以前は戦争で相手を切り倒すための武器、刃物でした。

## ◎ 古代の日本刀

最初の日本刀がいつごろできたかは明らかではありませんが、中国から渡来した銅矛が鉄鉾（鉄矛）になり、それが変形して鉄剣になったといわれています。国宝の七支刀は、鉄鉾の祭祀品と考えていいでしょう。

古い鉄剣でよく知られているのは、「アマノムラクモノツルギ」とも呼ばれるクサナギノツルギです。これはスサノオノミコトが倒したヤマタノオロチの尻尾からでてきたとされています。このときスサノオノミコトが使っていたのも、トツカノツルギと呼ばれる鉄剣だったようです。トツカノツルギはクサナギノツルギに当たって刃こぼれしたということから、クサナギノツルギは鋼鉄製、トツカノツルギは鋳鉄の鋳物製だったのかもしれません。

飛鳥時代（592〜710年）から平安時代（794〜1185年）までの日本刀は、片刃の直刀であり、曲がり（反り）のないものでした。柄（握りの部分）は、初期のものは植物の蕨の形をした蕨手型太刀といわれるものであり、後期になると中央に矩形の穴の開いた毛抜型太刀になりました。これらはいずれも、刀身と柄の部分が一体成形されていました。そのため、刀身の衝撃がもろに手に伝わったことでしょう。

## ❂ 中世の日本刀

 日本刀が大きく変貌したのは鎌倉時代(1185〜1333年)です。この時代は戦が多かった時代です。武士の要望に応えて、日本刀は大きく成長しました。まず、刀身と柄は分離され、刀身についた茎で木製の柄に接続されるようになりました。

 当時の日本刀に起こった最も大きい変化は、日本刀独特の反りが現れたことです。この反りは、刀工が意図して曲げたものではありません。真っすぐつくった刀の片側にだけ刃をつけたため、後述するように刀の片側に土をつけて加熱し、急冷して焼入れを繰り返します。このときに土の厚みによって膨張収縮の程度が変わり、そのために刀が自然に曲がるのです。

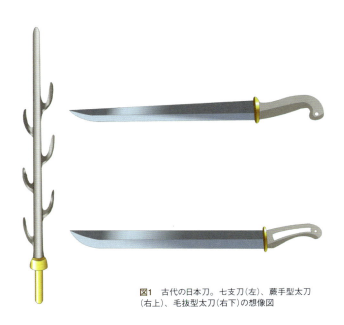

**図1** 古代の日本刀。七支刀(左)、蕨手型太刀(右上)、毛抜型太刀(右下)の想像図

## ❂ 江戸時代の日本刀

　江戸時代に入ると戦はなくなりました。武器としての日本刀のでる幕はなくなりました。しかし、美術工芸品として第2の舞台が開いたのです。日本刀の姿は美しく整えられ、刃紋(はもん)は華麗に変貌しました。

　と同時に、良質の鋼が手に入りにくくなったようです。そこで考えだされたのが、数種類の鋼を寄せ集めて刀にするというものだったといいます。すなわち、炭素分が少なく、折れにくい軟鋼を心金(しんがね)(芯金)として刀身の中央に置き、そのまわりを炭素分の多い硬鋼でおおって皮鋼(かわがね)としたのです。

　このことによって、折れず(軟鋼の性質)に切れる(硬鋼の性質)という、日本刀の特質がより鮮明になったともいわれます。

## ❂ 現代の日本刀

　明治になって**廃刀令**(はいとうれい)が発布されると、長年秘蔵されてきた多くの名刀が鉄クズになるという悲惨な時代を迎えます。しかし、やがて軍隊が編制され、**軍刀**として日本刀は復活します。軍刀のいくつかは旧日本刀が意匠を変えたものでした。しかしそれだけでは需要に応えられなかったので、まったく新しい刀がつくられました。残念ながらこのような刀の多くは、語るだけの意味をもたないものだったようです。

　現在も日本刀はつくられ続けていますが、それは伝統的なたたら吹きでつくった玉鋼を用いて、伝統的な工法でつくられたものです。そこに現代に生きる刀工の美意識と感覚が込められたものになっています。

第6章 日本刀の秘密

**図2** 鎌倉時代の太刀 （画像：Wikipedia）

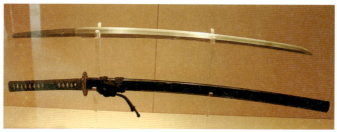

**図3** 江戸時代の打刀 （画像：Wikipedia）

**図4** 軍刀 （画像：Wikipedia）

**図5** 現代の日本刀

# 時代による刀装

　刀は刀身、要するに金属部分だけで取り扱われることはありません、最低でも白木でできた柄と鞘をつけられ、刀身の根元、すなわち柄に接する部分には「はばき」がつけられます。はばきは刀が鞘から抜け落ちるのを防ぐとともに、刀身が鞘の内部に触れることを防止します。

　刀を身につけるときには、がんじょうな柄と鞘を用意します。これを拵えといいます。拵えには**太刀拵**と**打刀拵**があります。太刀拵は甲冑をつけた場合に用いるもので、刀の刃が下向きになります。それに対して打刀拵は帯に挿して用いるもので、刃が上向きになります。

　同じ刀を太刀拵、打刀拵のどちらにでもすることができますが、もともと太刀用、打刀用につくられたものもあります。基本的には、刀身の「茎」に刻む銘の位置で決められます。銘は刀の表側に刻むのが一般的です。

　太刀拵、打刀拵、どちらにしても、図で描かれている側が表になります。ですから銘がどちらに刻んであるかによって、太刀用だったか打刀用だったかがわかるのですが、刀匠の流派によっては、裏側に刻むものもあったといいますから、一筋縄ではいきません。

　明治に入ってからは、新しく**軍刀**という拵えが誕生しました。これは外国の刀、サーベルのデザインを取り入れたもので、陸軍用、海軍用がありました。御大典と呼ばれる天皇の即位の義には、特別豪華な拵えが用意されました。これを**御大典刀**といいます。

第6章 日本刀の秘密

**図1** 「太刀」を帯びた大鎧の武者絵。明治時代の作とされる
(画像：Wikipedia)

**図2** 「打刀」を差した江戸時代の武士(山東京伝の風俗書『四時交加』の挿絵より)
(画像：Wikipedia)

# 日本刀の構造

日本のすべての文化や習いごとと同様に、日本刀の世界も約束事で埋めつくされています。日本刀のすばらしさが世界に広がるためには障壁とも思われますが、現状ではその約束事に従わないと話が進みません。

## ❂ 日本刀の各部名称 ― 刀身断面図

当然ながら、日本刀はその発生時から、おそらく完成形といわれる現代刀に至るまで、幾多の変遷がありました。現在、典型的な日本刀といわれるものは、**図3**に示したものです。これは鎌倉期には完成していたもので、様式を表す言葉としては**帽子造、鎬(しのぎ)造**といわれます。

日本刀の断面は、**図2**のような七角形をしています。いちばん上を**棟(むね)**といい、それに続く平面を**鎬**といいます。切り合う場合、互いに刀をこすり合わせると、この部分が接することになります。そこから「鎬を削る」という言葉ができたといいます。

鎬の最も高い部分を**鎬筋**といい、そこから刃になるわけですが、いわゆる**刃紋**に至るまでの区間を**平地(ひらち)**といいます。そして先端の、対象を切り開く部分が**刃先**です。

ちなみに帽子は、刀の切っ先、先端の部分をいいます。

## ❂ 日本刀の各部名称 ― 刀身平面図

**図1**は日本刀のよく見慣れた図です。この構造のいちばんの特徴は、刀の先端です。棟、鎬、刃先が集まって先端をつくるわけですが、これが**三つ角**といわれる1点を境にして美しくまとめら

れています。この部分を**帽子**といい、鎌倉期から始まったものです。帽子がない様式もありますが、これは特別に**鵜の首作り**といわれます。鎌倉期の薙刀に多く用いられています。

刀を図の角度から見た場合にいちばんの特徴となるのは、日本刀の代名詞ともいわれる刃紋です。刃紋は刀身に沿って蛇行しながら続く線であり、硬くてものを切る刃と、それを支える弾力のある刀身を分ける境界線と考えられ、神秘的な面持ちのある線です。

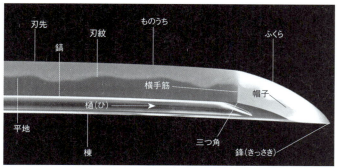

**図1** 日本刀の刃の先端

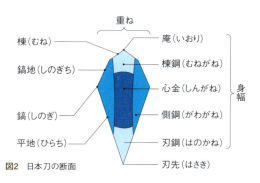

**図2** 日本刀の断面

刀によっては棟地に溝を彫ってあるものがあります。これを樋といいます。相手を切ったときに血液がここにたまり、刃先の切れ味を落とさないためのものだったといわれますが、後世になるともたないもののほうが多くなります。

　刀の最後尾部分は茎といわれます。ここは柄に入れられて隠れる部分です。刀匠の名はここに刻まれますので、刀の履歴を見る場合に最も重要な部分です。ここには柄から抜けないようにするための留め具、目釘を挿すための目釘穴が開けられています。

## ❀ 日本刀の各部名称 ― 拵え

　日本刀はそのままで使われることはありません。鞘や柄、鍔など、多くの付属物でおおわれ、装飾されて日本刀になります。これを拵えといいます。

　拵えには、基本的に**太刀拵**と**打刀拵**の2つがあります。太刀様式はおもに鎌倉、南北朝時代のもので、刃を下にして下緒によって身につけます。それに対して打刀様式は、江戸時代の時代劇に見られるように、刃を上にして帯にはさむものです。

　打刀様式の拵えの一般的なものを図3に示しました。特徴は刀身と鍔の間にあるはばきでしょう。これは刀の断面よりひと回り大きくつくってあります。これによって、刀身が鞘から簡単に抜けないようにストッパーの役割をすると同時に、鞘の中で刀身が鞘に触れず、宙に浮いた状態を保持しているのです。

　柄には鮫皮を巻くのが一般的ですが、この鮫皮はサメの皮ではなく、エイの皮です。鞘にはナイフのような小柄と、髪を整えるための笄が付属する場合もあります。

第6章 日本刀の秘密

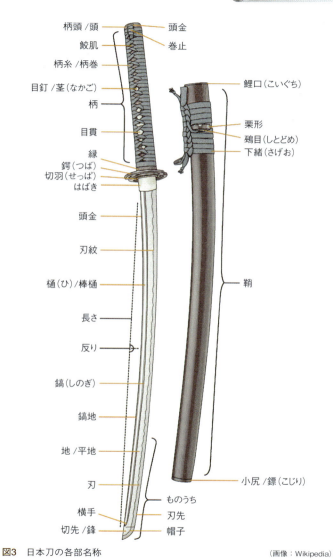

図3 日本刀の各部名称

(画像:Wikipedia)

## 日本刀のつくり方

　日本刀の製作は、一にも二にも叩くことです。これを「鉄を鍛える」といいます。叩くことによって原料の玉鋼に含まれる不純物を叩きだし、鉄に粘りを与えるのです。順を追って見ていきましょう。

1 **水折し：焼入れ**

　玉鋼を熱して叩き、厚さ5mmほどにしたところで水に入れて焼入れします。

2 **小割：鋼の選別**

　これを3cm角ほどに割って、炭素分の多い硬い部分（皮鋼用）と炭素分の少ない軟らかい部分（心金用）に分けます。

3 **積沸し：皮鋼をつくる**

　皮鋼用の素材をコテに積み上げて加熱し、1つのかたまりにします。

4 **鍛錬：皮鋼の鍛え**

　炭素分の多い硬い素材を加熱し、短冊形に延ばします。これにたがねを入れて2つに折り重ね、また加熱して叩き、今度は方向を変えて折り重ねます。この工程を15回重ねると約33000枚の層になります。

5 **組み合わせ**

　心金用の素材にも上の3、4の操作を加え、心金をつくります。皮鋼用と心金用の素材を、刀匠の意向によって組み合わせます。

6 **素延べ・火造り**

　組み合わせた素材を加熱し、棒状に打ち延ばします。これを

# 日本刀のつくり方　その1

素延べといいます。その後、小槌(こづち)で叩いておおよその形をつくり、最後にヤスリで磨いて形を整えます。これを火造りといいます。ここまでの刀は真っすぐで曲がっていません。

### 7 土置き

耐火性の粘土に木炭の粉、砥石(といし)の粉などを混ぜて**焼刃土**をつくります。これを刀身の上に塗ります。刃にする部分には薄く、それ以外の部分には厚く塗ります。この塗り方によって、刃紋の模様が決まります。

### 8 焼入れ

全体を炉に入れて800℃ほどに加熱し、水に入れて一気に急冷して焼入れします。この工程で刃側と棟側で収縮率が変わり、刀に反りが現れます。

### 9 鍛冶押し

焼入れした刀を低温に熱し、小槌で反りや曲がりを直します。これは焼き戻しを兼ねています。荒砥石で磨いて刃をつけます。

### 10 銘入れ

茎に目釘穴を開け、刀匠の名前を彫り込みます。刀匠の仕事はここまでです。

### 11 荒研ぎ・下地研ぎ

磨きを行うのは研(と)ぎ師です。砥石の粒度を変えながら、荒研ぎから下地研ぎへと進めます。

### 12 仕上げ研ぎ

仕上げ研ぎは砥石を使いません。砥石の粉や、細かい鉄粉を親指の腹につけ、指で磨いていきます、この操作によって波紋がくっきり浮かび上がってきます。

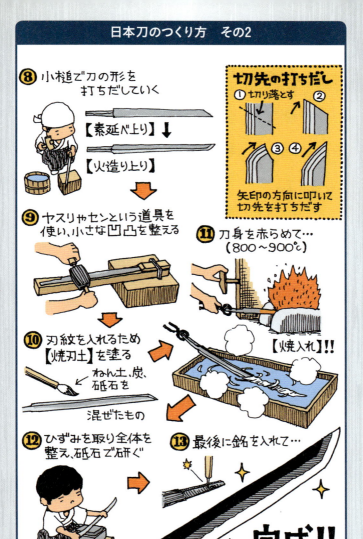

# 日本刀の秘密

　日本刀は1000年以上もの長い間、日本人の精神構造の一角を支えてきたといっても過言でないでしょう。それだけに神秘的なものを秘めています。その一端を見てみましょう。

### ❈ 玉鋼の秘密

　日本刀は玉鋼という特別な鋼からつくります。玉鋼は真砂砂鉄という良質の砂鉄から、たたら吹きという直接製鉄法でつくったものです。この製鉄法は現在でも年に数回だけ稼働していますが、そこでできた玉鋼はすべてが日本美術刀剣保存協会の手によって全国の刀匠だけに限定販売されます。したがって、一般人が手に入れることはできません。

　玉鋼と現在の鋼と比較した場合、玉鋼は酸素を多く含むという特徴があります。そのため、玉鋼中に含まれる鉄残滓分（非金属不純物）は酸化物が多くなります。この酸化物系不純物は、一般の鋼の不純物と比べると非常に軟らかく、延びやすい性質があります。

　これが、折り返し鍛錬によって微細に分散し、日本刀を粘り強くしたり、微妙な肌模様を形成したり（図1）、あるいは砥ぎ性を高めたりしているものと考えられます。つまり、一般の鋼の不純物は悪玉ですが、玉鋼の不純物は善玉といっていいかもしれません。

### ❈ 折れず、曲がらず、切れる秘密

　刀が切れるためには、硬いことが必要です。そのためには鋼に

炭素分が多いことが条件となります。しかし、鋼は炭素分が多いともろくなり、折れやすくなります。曲がる前に折れてしまいます。炭素分の少ない軟鋼を用いれば、折れることはなくなりますが、その代わりに曲がりやすくなり、なにより悪いことに、切れなくなります。

　折れず、曲がらず、切れる。この互いに矛盾する要素を兼ね備えるために考案されたのが、折れにくい軟鋼を、切れる硬鋼で包むというアイデアでした。包み方は時代、刀匠によっていろいろな流儀がありますが、これが少なくとも江戸期以降の日本刀の特色となっています。

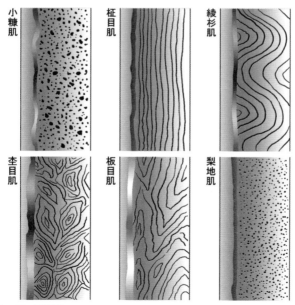

**図1**　刀の肌模様

## ❄ 反りの秘密

　初期の日本刀は真っすぐな直刀でしたが、鎌倉期以降のものは反り返っています(**図2**)。この反りは刀工が意図的に曲げたものではありません。刀を硬くして切れるようにするのなら、刀身全体に焼きを入れればいいだけです。しかしそれでは刀全体が硬くもろくなり、折れやすくなります。

　そこで、刃の部分にだけ強く焼きを入れ、棟の部分の焼きは浅くして弾力を残そうとしたのが日本刀です。そのために考案されたのが**土置き**です。これによって、刃の部分には強い焼きが入り、硬いマルテンサイト相が形成されます。

　このときの組織変化の違いによって、刀はみずから曲がるのです。そのようすは劇的です。土置きをした直刀を熱して赤くし、一気に水に落とします。するとわずかに刃側に曲がりますが、次の瞬間、反対方向に反り返ります。数十秒後、水からだしたときには美しく湾曲した日本刀になっています(**図3**)。

## ❄ 錆びない秘密

　平安時代や鎌倉時代の日本刀が、現存しています。1000年以上も前の刀ですが、あやしげな輝きを放っています。普通の鉄製品ならばとうに錆びて赤くなり、ものによっては朽ちているはずです。日本刀は錆びないのでしょうか？

　そんなことはありません。日本刀が錆びないのは、油によって空気(酸素)から遮断されているからです。しかし、この状態を1000年にも渡って保持したのは、手入れです。

　日本刀をおもちの方、あるいは縁があって所有された方は、その日本刀が数百年あるいは千数百年に渡って先人がめんどうを見てきた、という歴史を忘れないでいただきたい。そして、そ

の日本刀を後世にゆずり渡す義務と使命を忘れないでいただきたいものです。

図2　日本刀の反り

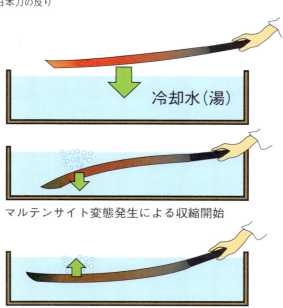

図3　焼入れで反りができるしくみ

# 日本刀鑑賞の秘密

日本刀が武器であった時代は終わりました。二度とそのような時代はこないでしょう。それでは日本刀の使命は終わったのでしょうか？ いや、日本刀の神髄はその後にあります。

いまや日本刀は、「美術工芸品」「芸術品」を超えた存在になろうとしています。日本刀のなにがそのようにしているのでしょうか？ それを理解するためには、日本刀を扱う「社会」の特殊用語を知る必要があります。特殊用語はなくなるのがいちばんですが、現在のところ、この特殊用語を用いないと話が進みません。

## ❖ 刃紋の秘密

日本刀を鑑賞する場合、いちばんの見どころは刃紋（刃文）の形でしょう。図1のように直刃、湾刃、互の目刃、乱れ刃など、いろいろな種類があります。

直刃は変化がなく、意匠的に殺風景といえるかもしれませんが、互の目刃、乱れ刃になると、鉄がこのように変化するものか、と感心します。

しかしこれは、土置きの仕方でどのようにでもなります。いわば、刀匠の描く絵画のような要素なのです。現代刀の"これでもか"といわんばかりの華麗にして豪華絢爛な刃紋には、疑問を感じる向きもあるようですが……。

## ❖ 肌の秘密

日本刀製造段階での折り返し鍛錬の結果でてくるのが、刀の肌といわれる模様です。これには杢目肌（板目肌の一種）、柾目肌、

第6章 日本刀の秘密

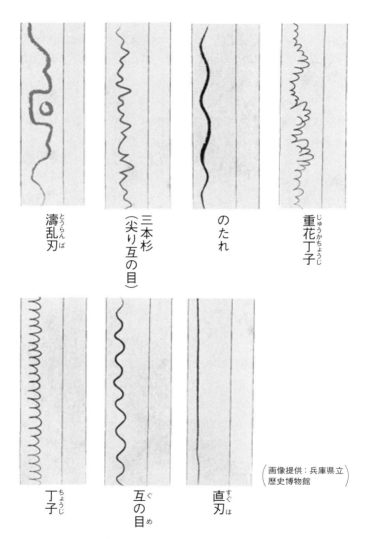

図1 いろいろな刃紋(刃文)

綾杉肌などがあります(p.137参照)。鋼を折り返すときの角度、面積の相違などによって、刀身にいろいろな細かい模様がでてきたものです。綾杉肌は、出羽国(現在の山形県)月山に拠点を置いた刀匠独特の意匠として有名です。

折り返しだけでなく、異なる品質の鋼の重ねによっても現れる模様で、最も顕著な例は、古代インドのダマスカス鋼に現れた波形の模様でしょう(p.147参照)。

ここまでは、初めて日本刀を見る人にもわかることです。問題はこのあとです。

## ●地刃の秘密

刃紋はただの線ではありません。いわゆる刃紋(の線)と刃先までは地刃と呼ばれます。そして、この地刃についてうんちくを傾けるのが、上級者になります。

## ●沸と匂

刃紋はマルテンサイトと呼ばれる鋼の組織です。この組織の粒子の大きさ、分散度合いなどが、鋼の鍛え方、あるいは焼入れ時の加熱、冷却の温度などの条件によって、異なってきます。マルテンサイト粒子の大きさによって、次の2つに分けます。

・沸：マルテンサイトの粒子が大きいもの
・匂：マルテンサイトの粒子が小さいもの

沸が多ければ沸出来、匂が多ければ匂出来といいます。なお、沸や匂の粒がクッキリとしていることを「沸(匂)が深い」と表現します。また、刃紋と地との境界を匂口と呼び、この境界がくっきりとしていることを「匂口締まる」、ぼやけているものを「匂口ねむい」などと表現します。

第6章 日本刀の秘密

## ●沸と匂の組み合わせ

　沸と匂は、それぞれ独立に現れるものではありません。沸と匂の組み合わせによって、以下のさまざまな意匠が現れることになりますが、それぞれの違いは微妙で、本書での説明の範囲を超えます。

　美術館、博物館、地元の信頼のおける刀剣屋さん、骨とう品屋さんに足しげく通って、実物を見ながら勉強するのがいちばんです。参考のために、おもな用語だけ並べておきましょう。

映り、地景（ちけい）、金筋（きんすじ）、砂流し、湯走り、足、葉（よう）、匂、沸

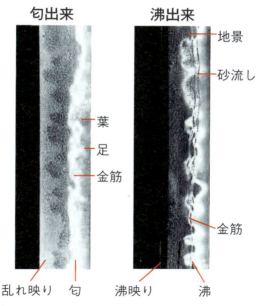

図2　沸と匂

# 鉄仏とは

　お釈迦さまが亡くなる(入滅)ときに、「オレの像はつくるな」と言われなかったせいで、仏教界ではおびただしい数の仏像がつくられています。

　その素材は石、金属、土、木、紙、漆と各種あります。金属も金、銀、銅(青銅)といろいろあります。しかし、寺院に置いてあるような大きさの金属仏の素材は、ほとんどが銅像のようです。

　鉄でできた鉄仏は多くありません。全国に約50体が現存しますが、つくられた時代、地域ともかぎられています。ほとんどが鎌倉時代以降の製作であり、地域は関東が約30体、愛知県(尾張地方)に10体と、この2地域に集中しています。

　鉄の融点は、銅の約1085℃に比べ1536℃と高くて扱いにくく、特に仏像のような大きなものを鋳造するには、特別な技術が必要だったでしょう。しかも鉄は錆びやすい材料です。仏像の素材としては、決して適していません。

　青銅は精密製造が比較的容易であり、しかも軟らかいため、製造後に表面をたがねなどで仕上げることができます。それに対して鉄仏は、鉄瓶をつくるのと同じ砂型を鋳型とした鋳造でつくるため、細かい造作が困難です。また硬いため、鋳造後の修正も困難で、仕上がりはあまり美しいものではありません。

　それにもかかわらず鉄仏がつくられ、それが鎌倉時代に関東、尾張で流行したのは、刀に代表されるように、いちばん硬い金属であった鉄に対する信仰とともに、鉄仏のもつある種の荒々しさが、武家社会の好みに合ったためと考えることができるでしょう。

## 第 7 章

# 不思議な鉄

私たちは釘や鉄板などの鉄を見慣れています。
しかし、鉄の素顔はそれだけではありません。
かつてインドには不思議な鉄がありました。
また現代でも、不思議な鉄がつくられようと
しています。

# 幻のダマスカス鋼

　日本刀のすぐれた性質には神秘的、伝説的なものがありますが、海外にも同様の伝説的な刀があります。インドのダマスカス鋼でできた刀、**ダマスカス刀**です。

### ❌ ダマスカス鋼の伝説

　残念ながら、ダマスカス鋼の製鉄技術は途絶えてしまいました。いまでは伝説が残っているだけです。ダマスカス刀の切れ味は、刃の上に絹のベールを落とすと、布の重みで2枚に切れてしまうほど鋭いものでした。力強い切れ味もあり、鉄の鎧を切っても刃こぼれしなかったといいます。それでいて柳の枝のようにしなやかで曲げても折れず、手を放せば軽い音とともに真っすぐになるといわれています。

　ダマスカス刀は武器としてすぐれているだけではありません。なにより人をひきつけるのは、その美しさです。クジャク石の波模様にも勝るほどの美しい波模様が、刀の全面をおおっていたのです。かつて十字軍の騎士は、この刀をもつことをなによりの名誉と考えたといいます。そのため、ダマスカス刀の多くは王侯の手に渡りました。

　ダマスカス刀には、その製作にも伝説があります。

「平原にのぼる太陽のごとく輝くまで熱し、次に皇帝の服の紫紅色となるまで筋骨たくましい奴隷の肉体に突き刺して冷やす、……奴隷の力が剣に乗り移って金属を硬くする」

というのです。奴隷の肉体に突き刺すというのは"焼入れ"の意味なのでしょう。

## ❖ ダマスカス鋼の実際

ダマスカス鋼は**ウーツ鋼**ともいいます。古代からインドでつくられた鋼材ですが、シリアのダマスカスに送られ刀に成形されたため、ダマスカス鋼という名前が定着しました。鋼のつくり方が一子相伝的に伝えられたうえ、武器の主役が銃砲に代わって活躍の場を失ったことから、19世紀には生産が途絶え、それとともに製作方法もわからなくなってしまいました。

関心が高いのは、あの美しい波模様がどうしてできたか、ということです。理由は冷却法にあるようです。そもそもダマスカス鋼は、炭素を多く含んだ**高炭素鋼**です。炉に相伝の植物の枝や葉を入れ、加熱して上に原料の鋼を入れ、融かしたあとに冷却するのだそうです。すると、融点の高い純鉄に近い部分がまず固

(画像：Wikipedia)

カーボンナノチューブ

**図1** ダマスカス鋼を使ったナイフ

化し、その間に融点の低い部分が遅れて固化するので、波模様になるというのです。

しかし、こうするためには、少なくとも鋼鉄をいったん融かす必要があり、そうなると1200〜1300℃程度の高温が必要になります。古代インドでそのような高温を操る技術があったのか、ということが問題になりそうです。

## ❖ ダマスカス鋼の再現

ダマスカス鋼はすぐれた鋼材だったので、その組成を明らかにして再現しようとの試みは、19世紀のころから行われていました。当初もっともらしくいわれたのは、ダマスカス鋼には7種類の金属が入っているというものでした。そのため、銅やクロム、はては金や白金まで加えて試されましたが、再現はできませんでした。

現在、ダマスカス鋼は市販されています。ダマスカス鋼でできたという、美しい波模様の包丁が1本数千円で購入できます。

ダマスカス鋼は再現されたのでしょうか？　残念ながら、現在ダマスカス鋼といわれているのはイミテーションです。これは組成の異なる鋼材を貼り合わせ、それを折り返し鍛造することによって、波模様を表現したものです。いわば、日本刀のようなもの。その後、酸処理やサンドブラスト（細かい砂を吹きつける技術）などで表面を荒らし、波模様を際立たせているのです。

ダマスカス鋼の再現にはまだまだ時間がかかるでしょう。最近の研究では、ダマスカス鋼に含まれる炭素がただの炭素でなく、**カーボンナノチューブ**が含まれていることがわかり、その神秘性はますます高くなっています。

## ファラデーが挑んだダマスカス鋼の再現

「電磁気学の父」として知られるイギリスの物理学者 **マイケル・ファラデー** も、ダマスカス鋼の再現に取り組んだことで有名‼

ダマスカス鋼は**7種の金属**の混合物からできているという…

いろいろ試してみるか‼

クロムの量を増やした合金を希硫酸でエッチングしてみたところ、美しいダマスカス紋様が‼

しかし肝心のサンプルはなぜか失われてしまった…

1世紀後に発見された「**ファラデーの玉手箱**」からは、クロム鋼やステンレス鋼になりかけの合金が見つかった‼

ダマスカス鋼はできなかったけど後のステンレス研究のさきがけになったのね♪

# チャンドラバルマンの鉄塔

インドは謎の多い国です。お釈迦さまが生まれているかと思えば、映画『スター・ウォーズ』に匹敵する宇宙大戦争が登場する大叙事詩『マハーバーラタ』が生まれた国です。さすが世界四大文明の発祥地の1つといいたくなります。それだけに、鉄に関してもダマスカス鋼だけでなく、不思議なものがあります。

### ✳ 1600年間錆びない鉄塔

インドの首都、デリーの郊外にある世界遺産クトゥブ・ミナールに1本の鉄塔があります。これが**チャンドラバルマンの鉄塔**あるいは「デリーの鉄塔」と呼ばれる謎の柱です。

鉄塔といわれるとおり、素材はすべて鉄です。鉄塔の直径は約44cm、高さは約7m、地下に埋もれている部分が約2mあり、重さは約10トンと推定されています。表面にはサンスクリット語の碑文が刻まれ、頂上には装飾的な彫刻チャクラが飾られています。屋根やおおいはもちろん土台すらない状態で、年中雨ざらしのまま地面に掘っ建てられています。

つくられたのはいまから1600年ほど前といわれています。なにより不思議なのは、この鉄塔が錆びていないということです。鉄は錆びやすい金属です。放置されれば、錆びて朽ちてしまいます。錆びにくいといわれた日本刀だって、これまでにどれだけのものが錆びて朽ちて土に還ったか想像に難くありません。

それが、この塔だけは1600年間、雨ざらしの状態で生き残っているのです。しかも、いまも外見上、錆びた様子は見えません（もっとも、地下部分は錆びているとの説もあります）。

## チャンドラバルマンの鉄塔の秘密

① **錬鉄**（炭素の含有量が少ない鉄）を精製

② 叩いて平たくし**円盤状**にする

③ 加熱しながら**叩いて接着**していく

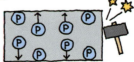

叩くことで表面に**リン**(P)が集まり、錆びにくくなったんだね!!

## ❂ 錆びない秘密

　錆びるはずの鉄でできた鉄塔が、1600年間もの長い間、雨ざらしの状態に置かれながら錆びない。これはなぜか？　もちろん、インドだけでなく、世界中の科学者がその謎に挑戦しました。しかし、いまだ明快な答えは得られていません。もちろん、いくつかのそれらしい解答はあります。

### ・油塗布説

　この塔がある地方では、自分の体に香油を塗り、宗教的モニュメントに抱擁（抱きつく）する習慣があるといいます。これが繰り返されると、鉄塔の表面は常に香油が塗られていることになります。当然、鉄塔が空気（酸素）に触れる機会はなくなりますから、錆びなくなるでしょう。

　しかし、地上7mの高さによじ登って抱擁する猛者が、始終いるとも思えません。たぶん、この理由は却下されるでしょう。

### ・純鉄説

　かつてまことしやかにいわれたのは、この塔が均一な組成の純鉄でできているので、局部電池ができにくくなり、それで錆びない、というものでした。

　しかし、局部電池ができなくても錆びは進行しますし、1600年も前にそのような純鉄をつくることができたのか？　という疑問が湧きます。ところが成分を分析すると、この塔は99.72％という高純度な鉄でつくられており、古代インドのトンデモナイ製鉄技術の高さが証明されたのでした。

　しかし、この程度の純度の鉄なら、現在では簡単につくることができ、しかも、それを雨ざらしの状態に置いたら、50年程度で

錆びつくといわれます。

### ・不純物説

　ということで、現在ではまた、錆びない理由は不純物のせいである、という説に戻りつつあるようです。というのは、インドで産出される鉄鉱石にはリンPが比較的多く含まれています。さらにインドでは、鉄を精製する際にミミセンナというリンを含む植物を加えていた記録があるといいます。なにやら前節で見たダマスカス鋼の製造を思わせる話です。

　そして、この塔は一体成形ではなく、何個にも切り分けられた部分を加熱して叩くという鍛造でつくられたものと思われます。リンを豊富に含んだ鉄を加熱しながら叩くと、リンは表面に浮かび上がり、鉄の表面はリン酸化合物でおおわれます。その結果、鉄柱の表面がリン酸化合物でコーティングされ、錆に強い鉄柱が完成することになるといいます。

　本当の理由はまだ謎のままです。この塔の鉄が実はダマスカス鋼であるという説も有力なようです。だとしても、それではダマスカス鋼が錆びにくいのはなぜだ？という問いに代わるだけの話です。

　本当の理由は、「この柱は地中深くに達し、地中を支配する蛇の王ヴァースキの首に刺さっている」からだという、伝承にあるのかもしれません。

# 7-3 現代の不思議な鉄

　もしかすると、人類は有史以前のはるか昔から鉄を知っていたのかもしれません。そして、現代のわれわれよりはるかに多彩な鉄を使いこなしていたのかもしれません。ダマスカス鋼やチャンドラバルマンの塔は、そのかすかな残影にすぎないのかもしれません。しかし、現代に生きる私たちも、おそらく古代人が見たことのない、新しい鉄の顔を発見しているのです。

## ❖ アモルファス鉄

　第3章で見たように、固体状態のすべての金属は結晶になっています。

### ・結晶状態

　結晶というのは、結晶を構成する原子（金属イオン）が3次元で一定の位置に規則正しく並んだ状態をいいます。この状態は、小学校の教室で子どもたちが着席して学習しているところに似ています。

　結晶を加熱して温度が融点以上になると、結晶は融けて液体になり、原子は動き回ります。これは授業終了のベルとともに、子どもたちが勝手気ままに動き回っている状態です。しかし、温度が下がって融点に達すると、すなわち授業開始のベルが鳴ると、子どもたちはサッと机に戻り、また元の結晶状態に戻ります。これが水と氷の関係です。金属も同じです。融点以上では融けて液体となり、融点以下ではただちに固まって結晶になります。

## ・アモルファス状態

二酸化ケイ素 $SiO_2$ の結晶(水晶)を融点(1610℃)以上に加熱すると、融けてあめ状の液体になります。ところが、これを冷やしても元の結晶には戻らず、ガラスになります。これは、二酸化ケイ素の分子が、小学生のように敏捷でなく、グズグズでノロマ(失礼!)だからです。

つまり、ベルが鳴ってもすぐに元の席に戻れないのです。グズグズしている間に温度が下がって運動エネルギーを失い、いわば、適当な位置で遭難してしまったのです。このような状態をガラス状態、あるいは**アモルファス**といいます。


## ・アモルファス鉄

アモルファス状態の鉄を、**アモルファス鉄**といいます。しかし、アモルファス鉄をつくるためには、液体の鉄を急激に冷やす必要があります。そのため、現在のところアモルファス鉄は粉末や薄膜の状態でしかつくられていません。

しかし、その性質は通常の鉄の性質をはるかに凌駕しています。機械的強度や耐酸性が高いだけでなく、磁性が強いなど、幾多の特質が発見されています。今後は、鉄の合金を用いたアモルファス鉄鋼のかたまりが作成されるでしょう。そのとき、鉄はいままでの歴史になかった新しい要素をもって再登場することでしょう。


## ❖ ナノ粒子鉄

**ナノ粒子**とは、直径がナノメートル($10^{-9}$m)オーダーの粒子のことをいいます。原子の直径が $10^{-10}$m ほどなので、ナノ粒子1個の中に存在する原子は数百個から数千個です。

このような微小な集団になると、原子は結晶状態とは異なった性質を示します。たとえば、ふつうの金の融点は約1064℃ですが、ナノ粒子になると300℃まで下がります。このように、ナノ粒子になると物質固有といわれた性質が劇的に変わります。これは、これまで「元素の性質」と信じられていたものが、実は「集団の個数」によって支配されていたことを示すものです。

### ・ナノ粒子状態の金の性質

ナノ粒子の実力は、こんなものでありません。金はふつう磁性をもちません。ところがナノ粒子になると磁性が発現します。また太さ1nm、長さ数十nmの金の針金は、電流を流しても発熱しません。まさに**常温超伝導**といっていいでしょう。

### ・ナノ粒子鉄の性質

ナノ粒子鉄の場合、磁性にかぎっても下記のような性質をもつことが明らかになっています。すなわち、磁場(磁界)を操作することによって、

① 磁場勾配により移動・輸送する
② 交流磁場により発熱する
③ 周囲に発生する磁場を変化させる

ことができます。

①は**薬剤輸送**(DDS)への応用が検討されています。②は患者への負担が少ない新たな**がん治療法**(磁気ハイパーサーミア)が検討されています。すなわち、がん患部にナノ微粒子鉄を埋め込み、外部から磁場をかけてがん部位だけを加熱するのです。がん細胞は43℃程度で消滅します。また、③はすでにMRIの造影剤として臨床応用されています。

今後も鉄は、いままで誰にも見せたことのない新しい様相、特性を見せ続けてくれることでしょう。

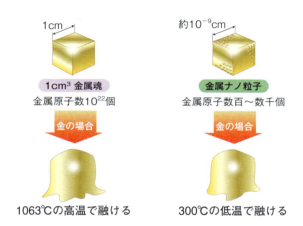

図1　金属ナノ粒子の特徴

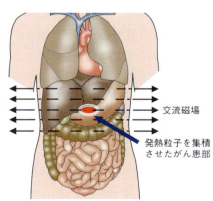

図2　磁気ハイパーサーミア療法の概念図

# 日本の伝統的な鉄器製作技術

日本の鉄製品といえば日本刀が有名ですが、そのほかにも茶釜、鉄瓶、兜などいろいろなものがあります。

### ❌ 南部鉄器

鉄瓶をはじめ昔の鍋、釜など、日用の鉄雑器をつくったものとして、**南部鉄器**が有名です。南部鉄器の名前は、江戸時代に南部藩（現在の岩手県盛岡市周辺）の庇護の下に発展したことからきていますが、南部鉄器といわれるものは、そのほかに現在の奥州市周辺で、伊達藩の庇護の下に発展した流れも入っているようです。

南部鉄器にかぎらず、このような鉄製品は日本刀とはつくり方がまったく異なります。日本刀は鉄を赤熱して、叩いて不純物を除きながら成形していきます。このような方法が鍛造です。それに対して鉄雑器は、鉄を高温で融かして液体にし、それを型に入れて冷却し、成形します。このような方法を鋳造といい、融かした鉄を入れる型を**鋳型**といいます。

鋳造に使う鉄は、炭素を多く含んだ鋳鉄です。融点は1200℃程度と、純鉄の1536℃より低いので、融かしやすいといえるでしょう。しかし、鉄に粘りがないので、もろくて割れたり壊れたりしやすいという欠点があります。

つくり方は鋳型つくりから始まります。粘土で目的の鉄瓶の形をつくります。それを**鋳物砂**といわれる砂を水で湿らせたもので包み、粘土の形を写し取ります。このときできた空洞の中に、鉄瓶の内部の空洞に相当する鋳物砂のかたまりをセットし、その

すき間に液体の鉄を注ぎ入れるのです。

　鉄が固まった時点で、型からだせば一応の完成です。このあと、バリといわれる鉄クズを取り除いて成形したあと、加熱して酸化被膜をつくり、それ以上酸化が進行しないように錆止めします。このとき、漆を塗って高温にするという操作をすることもあります。これは色調を整える意味のほかに、錆止めの意味もあります。

図1　南部鉄瓶

## ❖ 茶釜

　茶釜も鋳物であり、その製法は基本的に南部鉄器と同じです。ただ、茶釜は上流階級の趣味品であったため、昔は用いる鉄に違いがあったといいます。すなわち、砂鉄からたたら製鉄によってつくった和銑(わずく)を用いたというのです。そのため錆びにくく、平安時代につくられた釜が800年以上の年月に耐えて、いまも現役で使われているというような例もあります。

　茶釜で有名なのは福岡県芦屋町周辺でつくられた**芦屋釜**です。これは芦屋町周辺の海岸の砂鉄から得られた和銑が使われたといわれます。砂鉄にはチタンが含まれますが、この地方の砂鉄は特にチタン量が多いようです。それが、薄手で軽快な釜の製作につながったのだろうとの見方もあります。

　なお、釜は使い続けるとだんだん薄くなり、ついには底に孔が空くことがあります。このような場合は修理しますが、なんと茶釜の修理には漆を使います。小さい孔なら、鉄粉を漆で練ったものを詰めて加熱します。そのような修理ですまない場合は、底全体を切り取り、別につくった新しい底を接続しますが、この接続もまた漆で行います。

　漆は植物成分であり、ウルシオールというポリフェノールの一種が高分子化したものです。鉄という金属の修理に植物性の漆を使うというのも、日本らしい考え方なのかもしれません。

## ❖ 鎧兜

　折れず・曲がらず・切れる日本刀から、身を守るのが**鎧兜**(よろいかぶと)です。鎧を胴体を守る部分、兜を頭部を守る部分とすると、戦国時代以前の鎧の実用部分に鉄はほとんど用いられていません。鎧は、短冊形の皮に漆を塗った**小札**(こざね)と呼ばれる板を、**縅糸**(おどしいと)と呼ばれる

第7章 不思議な鉄

細ひもで綴じ合わせたものです。鉄でつくったのでは重すぎたのでしょう。しかし、戦場に鉄砲がもち込まれるようになると、さすがに鉄を用いたものもつくられるようになりました。

兜には当初から鉄を用いたものがありました。形式は2通りあり、複数枚の**矧板**と呼ばれる板金を鋲で留めた**矧板鋲留鉢**と、1枚の板金を半球型に打ちだした**一枚張筋伏鉢**でした。材質は和銑の鍛造品で、高級なものは日本刀をつくるのと同じように折り返し、鍛造したようです。

**図2 芦屋釜**

**図3 鎧兜**
画像(tongo51/shutterstock.com)

# 製鉄と伝説

　神話は古の人々がつくりだした壮大な物語であり、人類の宝です。しかし、まったくの創作、空想ともいえない節があります。日本の伝説と製鉄の関係を見てみましょう。かなり史実に正確なことが見てとれます。

## ❂ ヤマタノオロチ伝説

　ヤマタノオロチという名前は、どなたも聞いたことがあるのではないでしょうか？　"オロチ"は古語でヘビのことを指します。"ヤマタ"は「八俣」で8つに分かれていること、すなわち、8つの頭と8本の尻尾をもった大蛇のことです。

　このお話は『古事記』や『日本書紀』に描かれていますが、要約すると以下のようなものです。すなわち……

　神代の昔、天照大神という女神をトップとする神様一族は、高天原という天上世界に住んでいました。ところが天照大神には、素行だけでなく酒癖まで悪い弟神がいました。素戔嗚尊です。もてあました天照大神は、素戔嗚尊を地上に追放します。

　天上界を追放された素戔嗚尊は、出雲国の肥河(島根県斐伊川)の上流に降り立ったといいます。そこで素戔嗚尊が聞いたのが、ヤマタノオロチの横暴きわまりない乱暴狼藉です。許してなるものか、と勇躍オロチ退治に出かけ、メデタク退治しました。退治したオロチを自分の八束剣で切ったところ、中から剣がでてきて、そのせいで八束剣は刃こぼれしたそうです。

## 日本神話に織り込まれた鉄剣伝説

・現代語訳

　この話は、たたら製鉄による環境破壊を表しているものと考えられています。八俣というのは当時の島根県の谷、森林渓谷(けいこく)を表します。すなわち、たたら製鉄に必要な木炭をつくるために、島根県の森林が伐採されたのです。そのおかげで禿山(はげやま)となった渓谷は、洪水を繰り返します、これが"ヤマタノオロチの暴挙"の真の姿です。オロチの赤い目はたたら炉の火の色だといいます。

## ❇ クサナギノツルギ伝説

　素戔嗚尊は神様であり、ここまでは神話ですが、ここから一挙に人間の話に落ちます。

　この剣を手に入れたのが、第12代景行(けいこう)天皇の息子、日本武尊(やまとたけるのみこと)でした。この人は素行が野蛮なため、当時九州にいた熊襲(くまそ)一族との戦闘に出陣させられました。この戦で敵の計略にはまり、野原の中で火を放たれたといいます。

　ここで活躍したのがヤマタノオロチから得た剣です。尊は剣で燃え盛る草を薙(な)ぎ払って窮地(きゅうち)を脱しました。そこで、この剣に「草薙剣(くさなぎのつるぎ)」という名前がついたのです。この話からわかるのは、この剣は草を切り払うだけの切れ味があったということです。これは鋼を鍛造した刀でなければ無理なことです。

　ということで、「クサナギノツルギ」は日本刀の始祖(しそ)と考えられています。それに対して、刃こぼれを起こした八束剣は銑鉄を原料とした鋳物だったのでは？と考えられているのです。クサナギノツルギは別名を天叢雲剣(あまのむらくものつるぎ)といいます。この「むらくも」は刃紋を表すのではないかという説もあります。

　ということで、この剣はまさしく日本刀であり、八咫鏡(やたのかがみ)、八尺瓊勾玉(やさかにのまがたま)と並んで三種の神器とされています。残念ながら三種の神

器は壇ノ浦の戦いで喪失したので、現在、名古屋市の熱田神宮に御神体として祀られている剣はレプリカ、あるいは同時代の同等品だといわれています。

　御神体ですから見てはいけないのですが、見た方？の話では、剣は木の箱に入り、それが石の箱に入り、さらにまた木の箱に入っていたといいます。そして、各箱の間の空間には赤い粘土が詰めてあったらしいのです。

　粘土は鉄を含んでおり、鉄は酸素と反応して吸収します。すなわち、この格納方法は、クサナギノツルギを錆と温度変化から護るための、合理的にして鉄壁な防護を表しているようです。

図　三種の神器の想像図

# 鉄とDDS

　現在のがん治療の基本方針は、
① 外科手術でがん部位を切除する
② 抗がん剤で化学的に治す
③ 放射線でがん細胞を死滅させる
の3つの方法です。

　病気になったら「お薬で治す」という慣習で育った患者にとって、②の抗がん剤治療がいちばん選択したい（？）治療法でしょう。しかし抗がん剤には、問題があります。重い、ときには生命にかかわるような副作用があるからです。

　抗がん剤の副作用は、抗がん剤が健康な細胞までをも攻撃することによって起こります。これを避けるためには、抗がん剤をがん細胞だけに働くようにすればいいのです。これを薬の宅配便システム、**DDS**（Drug Delivery System）といいます。

　そのわかりやすい例の1つが、鉄と磁石を用いるものです。極小のマイクロカプセルの中に抗がん剤と鉄粉を入れます。一方、がん腫瘍の中心に手術で磁石を埋め込みます。この状態で患者にマイクロカプセルを飲んでもらうのです。

　カプセルは血流にのって全身を回りますが、がん細胞の近くにくると磁石に引きつけられます。当然、そこで溶ける確率が高くなります。すなわち、がん細胞の部位に優先的に抗がん剤が届けられるのです。

　あまりに単純でわかりやすく、化学者としては唖然としますが、このような方法が最も有効なのかもしれません。

# 第8章

# 生命と鉄

鉄は機械・建築物の骨格になるだけではありません。生命体においても欠かせない重要な元素なのです。ほ乳類は鉄がなければ呼吸できません。また、染色や陶芸などの芸術・工芸にも鉄は重用されています。

# 8-1 原始地球と生命

　地球は水と生命の星といわれます。水は水素と酸素、生命体はおもに酸素と水素と炭素からできています。しかし、その地球でいちばん多い元素は鉄です。鉄は生命とどのような関係にあるのでしょうか。

## ◉ 鉄が地球の中心をつくる

　地球が誕生したのは、いまからおよそ46億年前と考えられています。寿命を終えた恒星が超新星となって爆発し、それによって大量の物質が宇宙空間に飛散しました。これらのガスやダストはやがて集まって太陽となり、同時にいくつかの**原始惑星**となりました。このような原始惑星の1つが成長して地球になったと考えられています。

　初期の地球は、絶え間なく降り注ぐ隕石などの衝突熱で溶岩のように高温となり、ドロドロに融けていました。そのため、重い(比重の大きい)鉄やニッケルなどが内部に沈み、地球の中心部分をつくりました。そしてケイ素やアルミニウムなどの軽い元素が表面に浮かびました。やがて地球が冷えてくると、軽い表面部分は固まって地殻となりました。

## ◉ 鉄が海洋を中性にする

　灼熱の地球をおおった大気は、宇宙で最も多い元素である水素やヘリウムだったと思われます。しかしこれらの軽い気体は強烈な太陽風に吹き飛ばされ、やがて姿を消しました。代わって現れたのが、火山の噴火などによって生じた水蒸気や二酸化炭素

です。当初の大気は高温高圧であり、気圧は100気圧もあったものと考えられています。

二酸化炭素は温室効果ガスであり、熱をため込む性質があるので、地球は高温でした。しかし、宇宙空間への熱の放出で、さすがに地球の温度も下がってきました。すると水蒸気はやがて冷えて水となり、海洋をつくりました。

初期の海洋には、火山の爆発によって大量に生じた硫酸や塩酸などの酸性物質が溶け込み、強い酸性でした。とても生物が

図1　原始の地球はドロドロに融けていた

発生できるような環境ではありません。この状態を変えたのが鉄などの金属でした。

金属の酸化物は塩基性酸化物であり、酸とは真逆の性質をもっています。そのため、金属は酸と反応して中性に近い塩をつくります。すなわち、酸を中和するのです。

地殻に存在した鉄などの金属がイオンとして海水に溶け込み、これが酸と反応して塩となったため、海洋は中性となり、生物が誕生する環境が整ってきたのです。

## ❖ 生物発生

生命体にとって最も大切な分子は、水とアミノ酸といっていいでしょう。アミノ酸はタンパク質をつくる分子であり、炭素C、水素H、酸素O、窒素Nからできています。このほかにイオウSを含むものもあります。

原始地球の、おそらく海洋中の一角で偶然に化学反応が進行し、アミノ酸ができたのでしょう。そしてこれをもとにいくつかの偶然が重なって、生命体ができたものと考えられています。

最初の生命体が発生した地球の大気は、二酸化炭素が主体で、酸素はほとんど存在しませんでした。そのため初期の生命体は酸素を用いないで生存できる生物でした。このような生物を、酸素を嫌うということから**嫌気性生物**といいます。

ところがいまから30億年ほど前、**シアノバクテリア**（ラン色細菌）と呼ばれる単細胞生物が現れました。これは光合成を行います。すなわち、二酸化炭素と水を原料とし、太陽の光エネルギーを用いて糖と酸素を生産するのです。こうして地球上の大気に酸素が現れました。

第8章 生命と鉄

マグマの海　→　雨が降りだす　→　原始の海

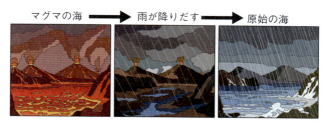

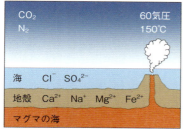

二酸化炭素の大気と酸の海が生まれた

図2 初期の海洋は強酸性だったが、地表のCa、Fe、Naなどを溶かし、中性になった

図3 シアノバクテリアが光合成を行い、大気に酸素が現れた

171

# 猛毒酸素から地球を救った鉄

一般的に鉄の性質というと、「硬い」「重い」「柔軟性に富む」など、物理的、機械的な面が思い浮かびます。しかし、鉄の性質を化学的に見ると、「酸化されやすい」、すなわち酸素と結合しやすいということが挙げられます。そして、地球の歴史において鉄がはたした役割は、この化学的な性質にもとづくものが重要なのです。

宇宙や地球は「環境」といいかえることもできますが、ここに与える影響は化学的なものが圧倒的に大きいのです。物理的、機械的なものは、多くの場合「人間」の営みに関係した些細なものにすぎません。

### ◈ 酸素と生物

生物は酸素がなければ生きていけません。というと、なにやら本当らしいですが、そんなことはありません。酸素がなくても生物は生存できます。

生物が生きてゆくためにはエネルギーが必要です。最も効率よくエネルギーを生産するのは、物質（分子、原子）を酸化することです。しかし、効率は悪くても、エネルギーを生産することはできます。エネルギーを生産する化学反応はゴマンとあります。このような化学反応によってエネルギーを生産し、生命をつむいでゆく生物を**嫌気性生物**といいます。二酸化炭素でおおわれた原始地球で誕生したのは、このような生物でした。

私たちは酸素がないと生きられない**好気性生物**です。それならば、酸素が多いほど快適に生きられるかといえば、決してそのようなことはありません。活性酸素の害はワイドショーで十分伝え

られるとおりです。すなわち、酸素は好気性生物にとっても有毒になりえる「特殊元素」なのです。酸素のない状態で生存することを条件づけられた嫌気性生物にとって、酸素は青酸カリ KCN（本当はシアン化水素 HCN といいたいところですが）ほどに危険かつ有害な物質です。

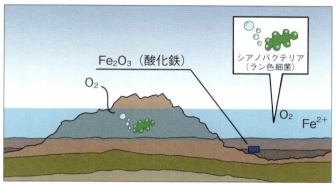

**図1** 大気に増えた過剰な酸素と鉄が反応して酸化鉄となり、海底に何層にも積み重なった

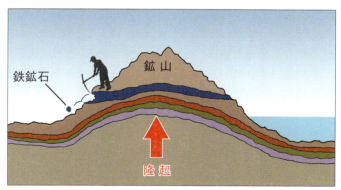

**図2** こうしてできた縞状鉄鉱層が地殻変動で地表近くに現れた

## 鉄が酸素過剰時代を救済した

前節で見たように、太古の地球にシアノバクテリアが大発生しました。これは光合成をします。すなわち太陽の光をエネルギー源とし、二酸化炭素と水を原料として糖（炭化水素）と酸素を生産するのです。

原始地球の大気から二酸化炭素が減少し、代わりに酸素が加わりました。時がたつと大気中の酸素は急激に増加しました。原始生物は酸素の毒で大量に死滅したと考えられています。

この状態を救ったのが、またしても鉄だったのです。鉄は酸素と反応して酸化物（錆）になることで、大気中の酸素を減らしたのです。20億年ほど前に出現した縞状鉄鉱層がその姿だといわれます。この鉄鉱層は、地球上の鉄鉱石の90％以上を占めるといわれています。この雄大な姿は、地球上のアチコチで観光資源となっているほどです。

## 好気性生物の時代

鉄が過剰な酸素を吸収したおかげで、地球上の酸素量は好気性生物が生存できる程度に抑えられることができました。

一方、シアノバクテリアなどの光合成によって二酸化炭素$CO_2$が消費され、海洋で発生したサンゴなどの生物が、二酸化炭素を炭酸カルシウム$CaCO_3$として固定しました。このような多数の生物の多様な化学反応によって、地球大気は二酸化炭素が減少し、酸素の量を適正に抑えつつ、現在の大気組成に落ち着いたのです。

このように考えると、鉄が人類、さらには地球上の全生物に対してはたした役割は、トテツモナク大きいことがわかります。鉄というと、釘やホチキスの針、ステンレス、鍋釜、自動車のシャシー、戦車、戦艦を思い浮かべがちですが、鉄はそんな利那的な

第8章 生命と鉄

ものではないのです。

　現代文明は、鉄ではもの足りなくなり、鉄にレアメタル、レアアースなどで無理にお化粧させるなどして、一時しのぎしているのかもしれません。この間にも鉄は自分だけにしかできない大きな仕事を、シッカリ行っているのかもしれないのです。

**図3**　縞状鉄鉱層　　　　　　　　　　　　　　（画像提供：清川昌一氏）

175

# 細胞に酸素を運ぶ鉄

　鉄は現代の生物と切っても切れない関係にあります。その筆頭は呼吸です。呼吸において酸素を吸収、運搬するのが赤血球中の**ヘモグロビン**であり、ここで中心的な役割をする元素が鉄なのです。

## ❂ ヘモグロビンの構造

　ヘモグロビンは複合タンパク質といわれるものの一種で、タンパク質と**ヘム**が結合したものです。ヘムは**図1**のような構造であり、環状の有機化合物の中央に鉄イオンが収まっています。環状化合物部分を一般に**ポルフィリン**といいます。ヘムの鉄をマグネシウムに置き換えると、植物の行う光合成の中心化合物である**クロロフィル**（葉緑素）になります。

　ヘムはタンパク質と結合し、タンパク質の長い分子に囲まれた状態で存在します。それは、ヘムの周辺に水分子のない空間、**疎水空間**をつくるためといわれています。ところが、ヘモグロビンの複雑さはこれだけではありません。このような複合タンパク質が4個、一定の配列を保ってまとまっているのです（**図2**）。

## ❂ ヘモグロビンの働き

　ヘモグロビンの働きは、いうまでもなく呼吸作用です。呼吸というと、肺をふくらませたりへこませたりして空気を出し入れすることを思いだすかもしれません。しかしこの場合の呼吸は、酸素を細胞に運搬すること、すなわち**細胞呼吸**を意味します。

　つまり、肺に入れた空気から酸素を選択し、それを細胞に届

けるのが細胞呼吸の原理であり、それがヘモグロビンの作用なのです。具体的に見ると、ヘモグロビンは肺の肺胞で空気と接します。すると酸素がヘムの鉄と結合します。

この状態でヘモグロビンは血流にのって細胞に移動し、そこで酸素を渡して空身になって肺に戻ります。そしてまた、次の酸素と結合して細胞に行きます。このように、いわば酸素の宅配便のような役割をしているのです。

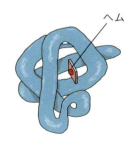

**図1** ポルフィリンとヘム、クロロフィルの構造式

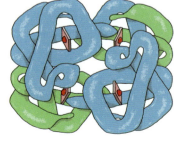

**図2** ヘモグロビンの構造

## 😊 呼吸毒

ところが、肺胞に一酸化炭素COがあると、一酸化炭素は酸素に先んじてヘム鉄と結合します。しかもこの反応は不可逆、すなわち、一度結合した一酸化炭素は二度とヘムから離れないのです。この結果、ヘム（ヘモグロビン）は酸素運搬能力を失います（一酸化炭素中毒）。

このような毒を、一般に**呼吸毒**といいます。サスペンス番組で有名な青酸カリ（シアン化カリウム）KCNもこのような毒です。

## 😊 微量元素と鉄

生体は多くの元素からできています。そのうち、生体になければならないものを**必須元素**、なくても問題のない元素を**非必須元素**といいます。必須元素のうち、生体に多量にある元素を**多量元素**、少量しかないものを**微量元素**といいます。人体の場合、微量元素の総量は体重のわずか0.02％ほどにすぎません。鉄は微量元素の中でも特に重要なものです。

人体に存在する鉄の量は、成人で4〜5g（4000〜5000mg）です。そのうち1000mgほどは肝臓に蓄えられ、ヘモグロビンを構成するのは2300mgほどです。そのほかいろいろな組織に500mgほどが存在します。

人体における鉄の働きとして最も大切なものは、この酸素運搬でしょう。鉄はヘモグロビンの中に存在して直接酸素を運搬するだけでなく、呼吸を円滑に行わせるための補酵素、**チトクローム**の中にもヘムとして存在しています。

鉄はまたDNAの複製にも関与しており、鉄が不足するとDNAの複製が阻害されることも知られています。

# 生活と鉄

鉄は私たちの日常生活において、包丁などの調理器具、ナイフ・フォーク、自動車、建材などの金属素材として活躍しています。それ以外にも、目立たない形で重要な働きをしています。そのような鉄を見てみましょう。

## 💠 化学カイロ

冬の寒い日にこそ、**化学カイロ**のありがたみが感じられます。この化学カイロで鉄が活躍しています。化学カイロの成分は、鉄粉と少量の塩水です。熱がでるしくみは鉄の酸化反応です。炭が燃える(酸化される)ときに熱がでるのと同じように、鉄も酸化されるときに熱をだします。塩水は反応を速めるための触媒です。

使うときにカイロを折り曲げると、塩水の入った袋が破れ、鉄粉と触媒の塩水がいっしょになり、空気中の酸素と反応して熱が発生するというわけです。

## 💠 脱酸素剤

お土産でもらったお菓子の箱を開けると、中にはお菓子のビニール袋の真空包装が入っていることが多くなりました。そして、袋の中にはたいてい2個の小さな袋が入っています。

1個は乾燥剤で、以前は酸化カルシウム(生石灰)CaOでしたが、生石灰は発熱することがあるので、最近はシリカゲル$SiO_2$が多くなりました。

そしてもう1個が**脱酸素剤**です。名前のとおり、これは真空包装の内部から「酸素を除く」ものです。なぜ脱酸素剤を入れるの

かというと、酸素は反応性が激しく、多くの食品と反応してその味や風味をそこなうからです。

そして、この脱酸素剤の中身が鉄粉なのです。鉄は大変酸化されやすい元素です。ということは、酸素と反応しやすいわけです。このような鉄粉を包装の中に入れておけば、包装内部に残っている酸素と鉄粉が反応し、酸素をなくしてしまえるのです。

先に見た、熱田神宮に祀られている三種の神器の1つである「クサナギノツルギ」。これを格納する容器にも、鉄に関係した赤い粘土が用いられています。

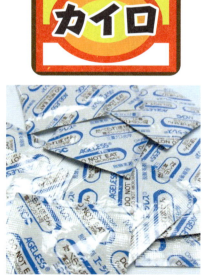

**図1** 見慣れた化学カイロと脱酸素剤にも鉄の性質が生かされている

## ❖ 井戸掘りの危険性

最近は井戸のような深い穴を人力で掘ることは、日本ではなくなりました。しかし、人力で掘っていたころは、事故で掘削人が亡くなることがありました。直接の原因は、酸素不足による窒息です。

なぜ窒息したのかは、鉄による酸素欠乏が原因です。すなわち、地下の土壌中には空気(酸素)が少ないので、鉄は完全に酸化されていない状態、すなわち2価の陽イオンの状態($Fe^{2+}$、酸化鉄(Ⅱ)FeOの状態)でとまっていることがあります。穴を掘ることでこれが空気に触れると、空気中の酸素で酸化されて3価の陽イオンの状態($Fe^{3+}$、酸化鉄(Ⅲ)$Fe_2O_3$)になります。

$$4FeO + O_2 \rightarrow 2Fe_2O_3$$

この反応が左辺から右辺に進むと、酸素分子$O_2$がなくなります。すなわち、井戸の中の空気から酸素がなくなるのです。このため、井戸を掘っていた職人さんが命を落としてしまったのです。

## ❖ VOCの浄化

**VOC**はVolatile Organic Compoundsの略で、揮発しやすい(有害)有機化合物を指します。有機化合物(R)と塩素原子Clが結合した有機塩素化合物R-Clもそのようなものです。

最近、このようなVOCを分解するのに鉄粉Feが有効なことが明らかになりました。それは次の反応によって、鉄Feが2個の電子$e^-$を放出して2価の鉄イオン$Fe^{2+}$となり、その電子を利用してR-Clと$H^+$が反応し、塩素$Cl_2$と普通(無害)の有機物R-Hになるからです。

$$Fe \rightarrow Fe^{2+} + 2e^-$$
$$2R\text{-}Cl + 2H^+ + 2e^- \rightarrow 2R\text{-}H + Cl_2$$

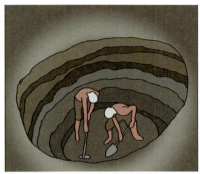

図2　以前は井戸掘りで酸欠になる事故があった

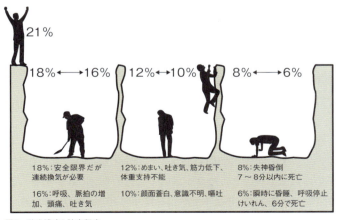

図3　酸素濃度と障害程度

# 芸術と鉄

鉄の独断場である日本刀は、いまや武器を超えて美術工芸品となっています。日本刀だけでなく、鉄は工芸、染色の世界でも活躍しています。

## ❖ 顔料：ベンガラ

鉄は顔料にも用いられています。おもに黄色、赤、黒系の色ですが、特に有名なのは**ベンガラ**でしょう。名前の由来は、かつてインドのベンガルから輸入されたからです。

ベンガラは赤土をすりつぶした細かい粉です。落ち着いた茶色がかった赤で、主成分は酸化鉄（Ⅲ）$Fe_2O_3$ です。茶席などの壁に混ぜて赤い壁にしたり、木材に塗ったりしました。そのほかにも漆器、ゴム製品、プラスチックの着色、あるいは塗料、インク、絵の具などにも用います。

現在ではレアメタルのセレンに代わられましたが、かつてはレンズの研磨剤としても多用されました。

## ❖ 釉薬：黄瀬戸、瀬戸黒

磁器や陶器に色や模様をつける薬剤を、一般に釉薬といいます。鉄はおもに陶器の釉薬として用いられます。

酸化鉄を含む赤土にガラス質となる長石を混ぜて粉末にしたものに、水を混ぜて泥状にします。これを土器にかけて1200℃くらいの高温で焼くと、釉薬が融けて黄色のガラス質が陶器の表面をおおいます。このような陶器を**黄瀬戸**といいます。**伊羅保**も基本的には同じです。

第8章 生命と鉄

　高温で焼成中の黄瀬戸を窯から引きだし、一気に水に漬けると、酸化されて黒くなります。これを瀬戸黒あるいは天正黒、引出黒などと呼びます。黒楽、黒織部、織部黒なども同じ技法です。

図1　黄瀬戸

図2　瀬戸黒

## ◉ 染色：大島紬、黄八丈

　鉄は染物にも使われます。染色は洗濯などでも色落ちしない堅牢（けんろう）さが必要なので、染料と繊維がしっかりと結びつくことが大切です。そのための技法はいろいろありますが、その1つが鉄イオン$Fe^{3+}$を用いる技法です。代表的なものに奄美大島（あまみおおしま）でつくられる**大島紬**（しまつむぎ）や、八丈島（はちじょうじま）でつくられる**黄八丈**の黒い部分があります。

　大島紬は別名「泥染め」ともいわれます。これは、車輪梅（しゃりんばい）という木の枝を煮だした汁で染めた布を、田んぼの泥の中で踏んで定着させる手法で、泥の中に入っている鉄イオンを利用しています。すなわち車輪梅からでたタンニンと鉄が反応して、不溶性の黒いタンニン鉄に変化するのです。染めては田んぼで踏むことを何回も繰り返して、深い色に染めます。

　焼き物でも同じようなものがあります。秋田の**秋田焼き**は釉薬のかかっていない、黄色い吸水性のある陶器です。これでお茶を飲むと、陶器の中の鉄イオンとお茶のタンニンが反応して黒くなります。1週間も使うと黄色かった茶碗が漆黒に変化します。

## ◉ 発光：ルミノール反応

　鉄が直接発光するわけではありませんが、鉄が触媒の役割をするのがルミノール発光です。ルミノールは**図4**の①のような化合物ですが、過酸化水素$H_2O_2$と反応すると**図4**の②になります。この化合物は高エネルギーで不安定なので、余分なエネルギーを放出して安定した**図4**の③になります。この放出したエネルギーが光に変わります。そして、**図**の②ができる反応は、触媒の鉄などがないと進行しません。すなわち、ルミノールは鉄がないと発光しないのです。

　犯罪捜査にルミノールが使われるのはこのためです。血痕（けっこん）のつ

いたところにルミノールと過酸化水素$H_2O_2$の混合物を噴霧すると、血液のヘモグロビン中の鉄が触媒となって図の②が生成し、発光するのです。

泥藍大島　　　　　　泥大島　　　　　　色泥大島

藍大島　　　　　　色大島　　　　　　中間色大島

図3　大島紬　　　　　　　　　　　　　　　（画像提供：奄美の里）

① ルミノール　　② 高エネルギー状態　　③ 低エネルギー状態

図4　ルミノール反応

《 参 考 文 献 》

齋藤勝裕/著『絶対わかる無機化学』(講談社、2003年)

齋藤勝裕/著『無機化学』(東京化学同人、2005年)

齋藤勝裕/著『初めて学ぶ無機化学』(ナツメ社、2007年)

齋藤勝裕/著『分子の働きがわかる10話』(岩波書店、2008年)

齋藤勝裕/著『大学の無機化学』(裳華房、2009年)

齋藤勝裕/著『ヘンな金属すごい金属』(技術評論社、2009年)

齋藤勝裕/著『無機化学』(オーム社、2010年)

齋藤勝裕/監修『元素周期・萌えて覚える化学基本』(PHP研究所、2012年)

齋藤勝裕/著『元素がわかると化学がわかる』(ベレ出版、2012年)

齋藤勝裕/著『科学者も知らないカガクのはなし』(技術評論社、2013年)

齋藤勝裕/著『生きて動いている化学がわかる』(ベレ出版、2013年)

齋藤勝裕/著『ぼくらは化学のおかげで生きている』(実務教育出版社、2015年)

齋藤勝裕/著『金属のふしぎ』(SBクリエイティブ、2008年)

齋藤勝裕/著『レアメタルのふしぎ』(SBクリエイティブ、2009年)

齋藤勝裕/著『マンガでわかる元素118』(SBクリエイティブ、2011年)

齋藤勝裕/著『周期表に強くなる』(SBクリエイティブ、2012年)

齋藤勝裕、保田正和/著『マンガでわかる無機化学』(SBクリエイティブ、2014年)

齋藤勝裕/著『高校化学超入門』(SBクリエイティブ、2014年)

# 索引

## 英

| | |
|---|---|
| KS鋼 | 91 |
| α鉄 | 68、70 |
| β崩壊 | 60、64 |
| γ鉄 | 68 |
| δ鉄 | 69、70 |

## あ

| | |
|---|---|
| 赤錆・黒錆 | 50 |
| 芦屋釜 | 160 |
| アマルガム | 78 |
| アモルファス鉄 | 97、154 |
| イオン化傾向 | 72、74 |
| 隕鉄 | 10、12 |
| インバー | 92 |
| 打刀 | 126、130 |
| 大島紬 | 186 |
| オーステナイト | 70 |

## か

| | |
|---|---|
| 核融合 | 56、61、62、64 |
| 皮鋼 | 132 |
| 犠牲電極 | 73 |
| 金属結合 | 34、39、68、74 |
| 金属光沢 | 34、42 |
| クサナギノツルギ | 122、164、181 |
| クロムモリブデン鋼 | 93 |
| ケイ素鋼 | 90 |
| 結晶構造 | 68、70、96 |
| 毛抜型太刀 | 122 |
| けら押し | 114、118 |
| 原子 | 28、30、32、34、56、60 |
| 合金工具鋼 | 82、84 |

| | |
|---|---|
| 高速度工具鋼 | 84 |
| 高炉 | 20、82、106、108、114 |
| コークス | 13、20、82、106、108 |
| 呼吸毒 | 178 |
| 拵え | 126、130 |
| 古代の製鉄法 | 112 |

## さ

| | |
|---|---|
| 細胞呼吸 | 176 |
| 錯体 | 74 |
| 砂鉄 | 16、100、102、116、118、136、160 |
| 酸化鉄(Ⅱ) FeO | 50、52、58、72、100、182 |
| 酸化鉄(Ⅲ) $Fe_2O_3$ | 50、52、58、72、100、182 |
| 産業革命 | 18、20 |
| 三種の神器 | 164、181 |
| シアノバクテリア | 101、170、174 |
| 磁性 | 44、68、90、97、105、155、156 |
| 磁鉄鉱 | 16、100、116 |
| 縞状鉄鉱層 | 174 |
| 自由電子 | 34、40、42 |
| ジュラルミン | 80 |
| 純鉄 | 70、82、88、94、100、106、147 |
| 心金 | 132 |
| 森林火災説 | 10 |
| ずく押し | 118 |
| ステンレス鋼 | 88、90 |
| スロープロセス | 65 |
| 青銅器時代 | 10、112 |
| 遷移元素 | 32 |
| 赤鉄鉱 | 100 |
| 銑鉄 | 17、20、69、82、94、108、110、112 |
| 反り | 123、134、138 |

## た

| | |
|---|---|
| 大艦巨砲主義 | 24 |
| 体心立方構造 | 68 |
| 耐低温合金 | 88 |
| 耐熱鋼 | 86、88 |
| たたら製鉄 | 16、114、116、160、164 |
| ダマスカス鋼 | 94、142、146、148、150 |
| 玉鋼 | 118、124、132、136 |
| 炭化鉄(セメンタイト) | 70 |
| 鍛造 | 12、114、148、153、158、161 |
| 炭素鋼 | 70、88、147 |
| 炭素工具鋼 | 82 |
| チャンドラバルマンの鉄塔 | 94、150 |
| 中性子 | 30、60、64、66 |
| 中性子捕獲 | 64 |
| 鋳鉄 | 13、69、110、122、158 |
| 超硬合金 | 84 |
| 超新星爆発 | 66 |
| 超伝導 | 42、44、46 |
| 低融点金属 | 49、80 |
| 鉄器時代 | 10、112 |
| 鉄族元素 | 32 |
| 鉄バクテリア | 120 |
| 電気伝導性 | 34、40 |
| 電子雲 | 28、30、66 |
| 展性・延性 | 34、36、42 |
| 転炉 | 82、108、109、111、115 |
| 同位体 | 30、64 |

## な

| | |
|---|---|
| ナノ粒子鉄 | 155、156 |
| 南部鉄器 | 158、160 |
| 沸と匂 | 42 |

## は

| | |
|---|---|
| パーメンジュール | 92 |
| パーライト | 70 |
| 配位結合 | 74、98 |
| 肌 | 136、140、142 |
| パドル法 | 114 |
| 刃紋 | 128、134、140、142 |
| 反射炉 | 17、114 |
| 比重 | 48、56、58、109、168 |
| ヒッタイト | 12、116 |
| フェライト | 70 |
| 不動態 | 50、90 |
| ヘモグロビン | 74、176、178、187 |
| ベンガラ | 184 |
| 変態 | 68、96 |
| 包丁鉄 | 16、118 |
| ポルフィリン | 74、176 |
| ホワイトゴールド | 80 |

## ま

| | |
|---|---|
| マルエージング鋼 | 92 |
| マルテンサイト | 70、87、88、138、142 |
| モース硬度 | 38、82 |

## や

| | |
|---|---|
| 焼入れ | 70、82、88、123、132、134 |
| 焼きなまし | 70 |
| 融点降下 | 18 |
| 釉薬 | 184、186 |
| 陽子 | 30、60、64、66 |
| 鎧兜 | 160 |

## ら・わ

| | |
|---|---|
| ラピッドプロセス | 66 |
| 立方最密構造 | 68 |
| ルミノール反応 | 186 |
| レアアース | 45、104、175 |
| 錬鉄 | 16、114 |
| 六方最密構造 | 68 |
| 露天掘り | 102 |
| 蕨手型太刀 | 122 |

## サイエンス・アイ新書 発刊のことば

## 「科学の世紀」の羅針盤

　20世紀に生まれた広域ネットワークとコンピュータサイエンスによって、科学技術は目を見張るほど発展し、高度情報化社会が訪れました。いまや科学は私たちの暮らしに身近なものとなり、それなくしては成り立たないほど強い影響力を持っているといえるでしょう。

　『サイエンス・アイ新書』は、この「科学の世紀」と呼ぶにふさわしい21世紀の羅針盤を目指して創刊しました。情報通信と科学分野における革新的な発明や発見を誰にでも理解できるように、基本の原理や仕組みのところから図解を交えてわかりやすく解説します。科学技術に関心のある高校生や大学生、社会人にとって、サイエンス・アイ新書は科学的な視点で物事をとらえる機会になるだけでなく、論理的な思考法を学ぶ機会にもなることでしょう。もちろん、宇宙の歴史から生物の遺伝子の働きまで、複雑な自然科学の謎も単純な法則で明快に理解できるようになります。

　一般教養を高めることはもちろん、科学の世界へ飛び立つためのガイドとしてサイエンス・アイ新書シリーズを役立てていただければ、それに勝る喜びはありません。21世紀を賢く生きるための科学の力をサイエンス・アイ新書で培っていただけると信じています。

2006年10月

※サイエンス・アイ（Science i）は、21世紀の科学を支える情報（Information）、知識（Intelligence）、革新（Innovation）を表現する「ｉ」からネーミングされています。

サイエンス・アイ新書
SIS-348

http://sciencei.sbcr.jp/

# 知られざる
# 鉄の科学
人類とともに時代を創った
鉄のすべてを解き明かす

2016年2月25日　初版第1刷発行

| | |
|---|---|
| 編　著 | 齋藤勝裕 |
| 発行者 | 小川　淳 |
| 発行所 | SBクリエイティブ株式会社 |
| | 〒106-0032　東京都港区六本木2-4-5 |
| | 編集：科学書籍編集部 |
| | 03(5549)1138 |
| | 営業：03(5549)1201 |
| 装丁・組版 | クニメディア株式会社 |
| 印刷・製本 | 図書印刷株式会社 |

乱丁・落丁本が万が一ございましたら、小社営業部まで着払いにてご送付ください。送料小社負担にてお取り替えいたします。本書の内容の一部あるいは全部を無断で複写（コピー）することは、かたくお断りいたします。

©齋藤勝裕　2016 Printed in Japan　ISBN 978-4-7973-8149-8

SB Creative